河南省高等学校哲学社会科学优秀著作卓越文库
项目编号：2025YXZZ14

U0725106

地域传统建筑与文化研究书系

河洛传统民居与审美

马骏——著

中国建筑工业出版社

图书在版编目（CIP）数据

河洛传统民居与审美 / 马骏著 . -- 北京 ：中国建筑工业出版社，2025. 5. --（地域传统建筑与文化研究书系）. -- ISBN 978-7-112-31163-7

Ⅰ. TU241.5

中国国家版本馆 CIP 数据核字第 2025G2E142 号

河洛地区是中华文明的发源地，其传统民居承载着丰富的历史文化烙印。本书从河洛民居历史发展延续、审美文化表现和传统聚落形态的视角出发，在大量实地考查与科学研究的基础上，深入剖析河洛民居的历史演化、聚集规律与艺术特征，揭示河洛民居的历史、形态、结构、装饰、文化等多方面内容。本书由绪论、民居文化与建筑语言研究、聚落选址与民居审美探讨、河洛民居的空间设计组合、河洛民居的装饰艺术分析、河洛民居的保护与传承、结论与展望共 7 个部分组成。

本书内容既可作为高等院校设计学、建筑学、艺术学等相关专业师生的参考书，也可作为面向传统民居爱好者的科普书。本书也可用于培养传统民居设计的保护及发展团队，不断提高其专业知识水平和技能。

责任编辑：费海玲　张幼平
文字编辑：张文超
责任校对：王　烨

地域传统建筑与文化研究书系
河洛传统民居与审美

马　骏　著

*

中国建筑工业出版社出版、发行（北京海淀三里河路9号）

各地新华书店、建筑书店经销

北京光大印艺文化发展有限公司制版

建工社（河北）印刷有限公司印刷

*

开本：787毫米×1092毫米　1/16　印张：13　字数：216千字

2025年5月第一版　　2025年5月第一次印刷

定价：**59.00**元

ISBN 978-7-112-31163-7

（44820）

近年来河洛文化研究取得了显著进展，洛阳成立了中国河洛文化研究会，推动研究的有序进行。本书的出版，不仅展示了河洛民居研究的全面性和创新性，也体现了学者们对河洛文化的深厚情感和责任感。同时，随着公众认知度和社会影响力的不断提高，河洛文化的传播途径正在不断创新，吸引着海内外更多人士的关注和热爱。

古河洛地区，作为华夏文明的摇篮，其传统民居不仅是居住空间的物质形态，更镌刻着独有的思想文化、哲学信仰、民风民俗等文化底蕴。河洛民居作为我国重要的物质和非物质文化遗产之一，在多个方面展现了河洛文化的深层影响，主要体现在建筑理念、艺术风格、空间结构及装饰艺术与工艺等方面。

首先，河洛民居作为一个文化综合体，它不仅与儒家的礼制观念、道家的自然和谐理念紧密相连，还深刻反映了河洛地区民众的生活哲学与宗教信仰。从屋顶的曲线到墙面的雕刻，从院落布局到门窗的设计，"天人合一"的设计理念和审美文化细节都蕴含着对自然的敬畏、对家族的尊重，以及对美好生活的向往。通过多维度的视角，本书带领读者走进这片古老而又充满活力的土地，窥见传统思想文化如何在日常生活中得以实践和传承，展现河洛地区独特的文化生态和历史韵味。

其次，本书将河洛民居审美文化扩展至与民居生存、社会发展相关的建筑生态结构中，理解它们如何在适应与改造环境的过程中，形成既独立又相互依存的聚落形态。这有助于更全面地把握河洛地区民居的生存智慧和社会发展的内在逻辑。通过深入研究民居与环境的互动关系，可以更好地理解民居建筑的生存智慧与发展规律，为当今城市规划与建筑设计提供有益的借鉴。

最后，数智时代为传统民居审美文化的保护和传承带来了新的机遇和挑战。通过利用数字人文技术与方法，可以更加全面、深入地记录和展示传统民居的审美文化，推动其传承和发展。同时，需要不断加强跨学科合作、提升公众参与度、推动文化创新等，共同为保护和传承传统民居的审美文化贡献智慧和力量。

在上述研究中，发现河洛民居在现代化进程中面临着诸多挑战。因此，探索地域民居的未来发展趋势和设计手法、挖掘地域民居与地域文化的深层关系，以及加强地域民居文化的传承态度和创新意识显得尤为重要。

目 录

1

绪

论

1.1   背景与概念

1.1.1   背景

河洛五千年文明史，其间诞生了最古老的文化经典——《河图洛书》、中国最完整的建筑古籍——《营造法式》。河洛地区是华夏文化的源头，在中华民族文化史上占有极其重要的地位，对中国其他各区域性文化的产生、发展和形成也都起到了促进和交融的作用。民居是建筑艺术的基本类型之一，能够反映出人类的基本物质需要和精神寄托。河洛民居作为中华建筑文化遗产的重要组成部分，有着广泛的民众文化根基和丰厚的历史内涵，它们站在那里，不仅是历史的见证者，更是文化的承载者，我们应该珍视这些宝贵的文化遗产，加强保护和研究工作，让它们得以传承与发扬。

河洛民居的突出地位表现在三个方面。第一，从对中华文化影响的广度来看，河洛民居将民居与传统思想文化、哲学信仰、民风民俗、社会传播等结合起来，其间潜藏着的人文基因和审美信息，可作为传统思想与建筑文化另一种形式的历史传承；第二，从对中国古代民居影响的深度而言，河洛民居将视角扩展到与民居生存、社会发展息息相关的空间领域中，拓展到与地域环境和聚落视野一脉相连的生态结构上；第三，从历史对我国古代民居建设影响的内涵出发，在研究建筑、室内设计理念与技术之上，河洛民居进一步深入到中国历史、经济、地域、风俗、礼仪等诸方面即文化与传统民居建设的交互联系之中，进而把人类社会的、中国历史的传统住居机制，置于我国的人类文明与经济社会生活的宏观系统之中，并抓住中国民居的传统审美文化特点，在多领域、多渠道的国际合作中。

本书通过对中国近代以来地域性建筑与民居文化发展的研究视野，在经过大量的实地考查和研究的基础上，深入剖析河洛民居的历史演化、建筑规律与美学特征。这一研究不仅从历史发展的延续角度揭示民居的演变过程，也从传统建筑聚落的视角出发，深入探讨民居与自然环境、社会文化的和谐共生关系。

1.1.2   聚落视角

在研究与前工业化社会体系取向上，无论是人类学家、建筑学家、历史学家或艺术家，都把聚落视为一种文化或再现。"文化"之意义在于其与能力、习惯相呼应，而"再现"则是强调它们在某种社会结构中所产生的表象及意义。文化存在于社会中个人对自然的适应能力和对社会的约束控制；习惯也依赖文化系统中的活动来活化个人对社会的再现。从文化人类学的研究角度来看，聚落是在一定环境中由一定数量的人口、团体构成的相对独立的前工业化社会。我们当代所见关于河洛地区的文化、历史、民族与习俗现象，都是一种将文化与社会联系起来的"再现"。它们是由历史上一连串的历史事件所造成的社会事实。将这些历史事实视为"文化的再现"，以期了解人们生产方式和生活态度其背后的文化情境，还原河洛地区延续与变迁的历史本相。

"聚落"作为一个古老而重要的概念，在多个文献和典籍中都有详细的记载和解释。在《辞海》中，"聚落"被描述为"人聚居的地方"以及"村落"①，这两种定义都强调了其作为人类居住地的核心特征。在《史记·五帝本纪》中，"一年而所筑成聚，二年成邑，三年成都"②的描述，揭示了聚落发展的时间线索。这里的"聚"指的是初步形成的人类聚居地，随着时间的推移，逐渐发展成为更为复杂的"邑"和"都"。《汉书·沟洫志》中的"或久无害，稍筑室宅，逐成聚落"则揭示了聚落形成的过程性特点：某个地方长时间没有灾害，人类开始逐渐建造房屋，最终形成聚落。这个过程反映了人类为了生存和繁衍，在特定环境下选择聚居的自然趋势。

广义上，"聚落"的概念可以指"聚居地"，甚至可以涵盖现在所讲的"人居环境"的发展序列。在今天看来，聚落不仅是一个人类居住的自然环境系统，也是一个复杂的社会组织系统，同时还是由具有特定观念、习俗的人群所构成的有机整合体。这意味着聚落的概念具有广泛的适用性和包容性，可以涵盖从简单的村落到复杂的城市等各种形式的人类聚居地。

近代西方的文化人类学家对聚落的研究进一步深化，将其视为一个完整的文化系统。他们观察到，人类的大部分时间都生活在相互影响的小团体中，每个团体都拥有独特的社会背景、行为语言、情感活动、世界观及风俗习惯等，这些共同构成了每个团体的自身文化。在早期的人类学研究中，聚落主要侧重于物质环境和人类居

① 夏征农. 辞海 [M]. 上海：上海辞书出版社，2003.
② 参见《史记》，注释中称：聚，谓村落也。

住状态，而社会学中的社区是由若干个个体、群体和组织及资源等构成的生产、生活、生态体系，更侧重于人与人之间的经济属性和社会联系。聚落的规模大小可以非常多样，从简单的村庄、集镇到小城镇，甚至大到一个城市，都可以被称为"聚落"。

然而，鉴于河洛地区传统聚落民居的现状以及本书的研究方向，本书所讨论的聚落主要聚焦于原始的或相对原始的村落。这些村落不仅保留了丰富的历史文化遗产，还体现了人类与自然环境的和谐共生关系，以及特定地域下的社会文化特色。

居住模式是指在某一时期内，人们围绕居住环境而进行的一系列居住行为方式。托马斯·亨特·摩尔根（Thomas Hunt Morgan）认为，住宅建筑与家族形态、家庭生活方式紧密相关，是人类从蒙昧社会进入文明社会的重要写照。在传统的聚落环境中，居住行为不仅决定了人们的日常行为与生产活动，也反映了特定环境中社会文化和个性特征之间的联系，是其"文化"的缩影。特定的社会文化在聚落建筑的空间形式中具有主导作用，并且支配和控制着其设计和发展。也就是说，每个地域的居民都有自己独特的语言体系、世界观、风俗制度和宗教仪式，包括起居、出行、服饰、餐饮、交流和娱乐等方面的活动。同时，居住模式需要通过区域规划、住宅构建、环境设计和设施配置来体现。在相对封闭的、同质的封建社会经济形态下，由于居住群落内部的聚居性、血缘性、封闭性和自给性等特性，其社会经济是以农业的自给自足为基础的小农经济体制。一个聚落所占有与控制的物质资源、生产力、生产工具和劳动产品基本能够保证内部成员的生活需要，对外进行商品交换的次数极为有限。

詹姆斯·伍德伯恩（James Woodburn）在探讨平等社会中的生产方式时提出，在延迟回报体系中，人们付出劳动获得能成为个人财富并更多地依赖与他者的关系，容易形成人际的支配，通过支配与被支配，等级表现得更加明显。河洛地区作为中原文化的核心区域，族群、宗族和家族拥有着较多的财产，并操纵着传统的政治机制。对于生活圈、婚姻圈、宗族圈和祭祀圈的考察研究发现，社会结构对于河洛地区的建筑文化有巨大的影响，而这些影响主要的反映在聚落民居上。传统聚落的居住模式是依附于河洛地区的文化环境所形成的诸多鲜明个性，也是聚落形态与空间布局不断变化冲突的人类学、社会学与建筑学概念的发展，与在河洛文化影响下所形成"历史环境"的现代化发展有着密不可分的联系。

相对单向性、乡土性的聚落社会结构来说，现代城市则有着较强的双向性和寄生性，需要依赖农村的生产力、物质资料而生存。在"城镇一体化"和"城乡连续体"等浪潮的影响下，河洛民居始终未能从农业化生产方式中脱胎出来、成为与城市现代化平行的概念，而是作为前工业化社会体系而存在。以河洛地区的典型村落民居作研究重心来考察社会结构间的相互关系和社会联系，进而以更前瞻的理念、更宽阔的视野与更人性的设计来综合解决这些难题。遵循聚落民居建筑各要素，民居建筑形制、空间组合方式、景观环境设计及文化变迁之动力机制等路线，全局性把握河洛传统社会的民居审美文化。

1.1.3　民居审美辩证与象征

宗白华在《美学散步》中探讨了建筑和民居的美学理论，民居美学存在着主体（居民）和客体（民居）的关系，是形式与意义的有机结合[①]。"形式"是指客体的外部形态、结构、装饰等具体表现，而"意义"则是指这些形式所蕴含的文化内涵、历史价值、社会意义等抽象内涵。可以看出，审美主体与审美客体之间具有相互作用、相互影响、相互渗透的作用。民居建筑形式不仅是建筑文化意义的载体，更是文化意义的呈现和表达，而文化意义则是建筑形式的灵魂和精髓，赋予建筑形式以深刻的内涵和价值，两者辩证统一。

河洛民居审美文化，是指根植于河洛地区的民居建筑中所体现出的审美观念、审美价值和审美实践的总和。它不仅体现了河洛地区独特的地理环境和历史文化，也反映了当地居民对美的追求和表达。

在河洛民居中，形式的探索体现在民居的布局、结构、材料和装饰等方面。民居的布局追求与自然环境的和谐统一，结构形式注重实用与美观的结合，材料选择就地取材、因地制宜，装饰艺术则融合了当地的传统元素和技艺。这些形式上的探索不仅体现了河洛民居的独特风格，也反映了宗白华对形式美的追求和重视。因此，民居审美不仅关注民居本身的形态、结构、材料等客观因素，还关注居民如何通过感知、体验、理解等方式与其他民居进行互动，从而获得美的享受和审美体验。

同时，宗白华也认为，空间与时间也是民居美学中的重要因素。

---

① 宗白华. 美学散步［M］. 上海：上海人民出版社，1981.

空间是指民居所占据的物理空间，包括其布局、环境、景观等；时间则是指民居所经历的历史时间，包括其建造年代、历史变迁、文化传承等。在民居美学中，空间与时间相互影响、相互渗透。空间不仅为时间提供了具体的场所和背景，更通过其布局、环境、景观等因素与时间的流逝相互呼应、相互映照；而时间则通过其历史变迁、文化传承等因素为空间赋予了深刻的历史底蕴和文化内涵。

此外，宗白华还指出，民居美学中材料与构造、细节处理上的重要性。材料是民居的物质基础，其质地、色彩、纹理等因素直接影响到民居的视觉效果和审美感受；构造则是民居的结构体系，其合理性、稳定性、安全性等因素直接影响到民居的使用功能和安全性；门窗、梁架、雕花等细节部位往往经过精心设计和雕刻，展现出高超的工艺水平和艺术美感。这些细节不仅增加了民居的美观程度，也体现了我国传统文化的精髓和审美趣味。因此，在探讨河洛民居美学时，应当考虑如何通过建筑的主体和客体的关系，体现建筑形式与文化意义、空间布局和装饰细节等，传达一种诗意的生活态度和文化内涵。

叶朗提出了"美在意象"的理论体系[1]，认为美不是客观存在的实体，而是通过人的审美活动在心中形成的意象，强调审美意象只能存在于审美活动中。在传统民居审美中，意象是构成意境的基本元素，是艺术创作中的基本构成单位。通过居民的劳动创作，将主观情感和客观事物相结合，形成具有表现力的艺术形象（民居）；而意境则是意象在民居作品中的有机组合和升华，它体现在民居与周围环境的和谐共生，以及民居内部空间所营造出的独特氛围。民居的设计不仅关注实体的建造，更关注如何通过空间布局、装饰细节等手段，营造出一种超越物质层面的精神享受。这种"意境"的营造体现在民居与自然环境的和谐统一、建筑元素的象征性表达，以及家族文化和历史传承的呈现等方面；而对意象的追求，使得传统民居在审美上具有了更加深远的内涵。无论是庭院的设计、门窗的装饰，还是祠堂家庙的建设，都体现了河洛文化的象征意义，让观者在欣赏过程中获得更深刻的艺术体验。

在中国艺术和美学中，空间与时间也是民居美学中的重要影响因素。空间是指民居所占据的物理空间，包括其布局、环境、景观等；时间则是指民居所经历的历史时间，包括其建造年代、历史变

---

[1]　叶朗. 美学原理［M］. 北京：北京大学出版社，2009.

迁、文化传承等。空间与时间相互影响、相互渗透。空间不仅为时间提供具体的场所和背景，更通过其布局、环境、景观等因素与时间的流逝相互呼应、相互映照；而时间则通过其历史变迁、文化传承等因素为空间赋予深刻的历史底蕴和文化内涵。正如陆元鼎"民居建筑地域观"①中所表述的，随着社会文化的变迁，民居建筑结合地域气候、地形地貌等空间特性对民居审美产生影响。这种观点提供了一个全面理解河洛民居与时空环境、社会文化相互作用的框架，强调了在保护和传承传统民居建筑时，应考虑其与地域特性和文化变迁的紧密联系。

陆元鼎同时认为，民居营造取决于功能、结构、材料等要素，这些因素植根于当地的气候特征、地形地貌之中，反映在"建筑本身形成规律"。河洛民居的装饰、图案、绘画与雕刻等造型艺术集于一身，融合成兼有形象、气势、风韵和节奏的独立艺术。材料是民居的物质基础，其质地、色彩、纹理等因素直接影响到民居的视觉效果和审美感受；结构则是民居的结构体系，其合理性、稳定性、安全性等因素直接影响到民居的使用功能和安全性；门窗、梁架、雕花等细节部位往往经过精心设计和雕刻，展现出高超的工艺水平和艺术美感。这些功能不仅增加了民居的美观程度，也体现了我国传统文化的精髓和审美趣味。

受传统文化的影响，与西方建筑美学依赖于形式、结构和功能等技术指标相比，河洛民居美学涉及更深层次的文化和哲学内涵。进一步说，通过对比西方建筑美学中常见的形式主义和功能主义，河洛民居美学的独特性得以强调。西方建筑美学往往更注重建筑的实际用途和外观效果，追求形式上的完美和功能上的完善。河洛民居则更注重其象征性和文化内涵，通过建筑来传达某种深层次的文化或哲学思想。河洛的美之象征在于"知其背后另有境界、另有事物表现"。河洛民居通过其独特的建筑形式和风格，传达了丰富的文化内涵和哲学思考，使得人们在欣赏美的同时，也能够感受到其背后的深刻意义。

新时代背景下，在民居对传统文化的传承和创新上，应该继续弘扬和传承传统文化精髓，同时吸收现代建筑的设计理念和技术手段，使得民居既具有传统韵味又具有现代气息。

---

① 陆元鼎. 陆元鼎建筑论文选集［M］. 北京：中国建筑工业出版社，2022.

1.2　国内外相关研究

1.2.1　国外相关研究现状

国外对传统民居的空间形态及其社会和经济价值的关注主要是与人文地理学和文化人类学的研究密切相关。人文地理学是以人地关系的理论为基础，着重研究人类文化的空间构成及人与环境关系的生成和演化规律。弗里德里希·拉采尔（Friedrich Ratzel）在《人类地理学》中提出的人文地理学观点强调了从空间和时间上把握文化的动态特征，重视文化现象的扩散与变化，并探索了自然特征对人类历史发展的影响。奥托·施吕特尔（Otto Schlüter）在研究了人居与交通、经济与政治等自然因素的辩证关系后，提出了自然景观与文化景观的区别，比拉采尔的观点前进了一大步。

人文地理学家特里·吉尔伯特·乔丹（Terry G. Jordan）从时空角度、生态观念、文化整合和艺术风格等方面对不同的问题进行了系统阐述，并给出了传统文化源、企业文化扩散、文化整合、历史文化区等基本理论。认为人们可以通过从一种建筑要素（如民居建筑）的空间布局出发，利用艺术扩散与社会文化整合将时间与空间、内容和形态相结合，并以其与人类的社会生态相互作用来描述存在的、可见的人类社会文化景观。因此，民居美学就是从人类地理学中来研究传统建筑聚落发展的空间变迁与建筑社区功能发展规律的科学。

同时，文化人类学家在对社会结构的研究中，也对聚落文化进行了全方位的论述。鲁思·本尼迪克特（Ruth Benedict）在她的代表作《文化模式》（*Patterns of Culture*）中强调应把各种行动和思考方法建立在特殊的、多样的联系中，以便形成分析整体结构的机能作为文化研究的突破口。由此引发了学者们对聚落进行田野调查的热潮，对某个原始部落的村落聚集、图腾神话、风俗习惯、传统服饰及生活方式等都成为其研究范畴。罗伯特·芮德菲尔德（Robert Redfield）在《农民社会与文化：人类学对文明的一种诠释》（*Peasant Society and Culture: An Anthropological Approach to Civilization*）一书中提出的"大传统"与"小传统"的概念，为理解复杂社会中不同文化层次的传统提供了清晰的框架。

埃米尔·涂尔干（Emile Durkheim）在《社会分工论》（*The Division*

of Labor in Society）中提出的"集体意识"和"社会事实"两个概念，为社会学的发展提供了重要的理论支撑。他通过强调集体意识在维系社会团结和秩序方面的作用，揭示了社会心理现象对于社会现象的重要影响。同时，他通过明确社会学研究的主要对象为"社会事实"，即该社会的固定制度，围绕该制度形成一定的语言体系、道德习俗、生活环境及传统意识，来指导人们的生产和生活。在社会事实的"形态部分"主要研究社会成员的人口分布、交往情况、交通状况和居住环境。克洛德·列维 – 斯特劳斯（Claude Levi-Strauss）运用结构主义方法进行人类学研究，他把诸如神话传说、传统习俗、原始部落的考察的亲属关系、婚姻制度、图腾崇拜、饮食习惯等都纳入社会结构的体系中加以研究，他认为多种关系的背后隐藏着某个地区最基本的、原始共有的结构。

随着现代文明的冲击、历史环境的变革，传统聚落文化慢慢与现代技术文明相交融、整合、渐变，并趋于解体。适应时代需要的社会功能及传统的审美观念将重新组合，一些不良的风俗习惯将慢慢地被淘汰。民居文化研究的方法随着科学研究的深入，人文科学和自然科学的发展而日趋多样和交叉。如实地田野调查和文献资料收集，运用实体和实证相结合、比较归纳及采取某种技术手段与措施来进行研究。因此，人类学家在对社会结构的分析上，主要关注的是过程和发展，而非静态地重建想象中的均衡世界。这种研究方法的核心在于认识到社会是一个不断变动和发展的动态系统，而不仅仅是一个静止的结构或模式。

可以看出，国外对于传统聚落文化的研究通过人文地理学、文化人类学的角度来探索民居建筑在历史发展中的演变发展，研究范围也从最初的单体建筑延伸到了乡土建筑、聚落及人居环境等方面。19世纪末的工业技术革命产生的新技术、新材料、新观念对于传统建筑形式的充斥，使其出现了与地域环境相割裂的局面。缺乏整体性、独特性以及易识别性的现代建筑已经不能很好地适应和融入复杂多样的环境，导致相关研究者对于地域性乡土建筑的广泛重视。20世纪60年代以来，随着乡土建筑研究的不断深入，阿摩斯·拉普卜特的《宅形与文化》一书的出版，标志着乡土建筑研究在学术界正式成为一门学科，其主张将生态学与建筑学相结合，把人居系统放置到整个生态体系中加以考虑[①]。

---

① 阿摩斯·拉普卜特. 宅形与文化［M］. 常青，徐菁，李颖春，等译. 北京：中国建筑工业出版社，2007.

这表现在既要研究原始部落的聚落，更要研究文化变迁中的村落、城市化的小镇或都市中的村庄，这也成为民居建筑研究领域的一个新的开端。

1.2.2　国内相关研究现状

国内对传统村落空间的研究确实始于20世纪40年代初，并与建筑学领域紧密相连。在这一领域，刘敦桢、梁思成和孙大章等都作出了卓越的贡献。刘敦桢的《中国住宅概说》是一部里程碑式的著作，该书从功能分类的角度出发，全面论述了中国各地传统民居的特点[①]。梁思成的《中国建筑史》是一部经典之作，其中关于我国传统民居的章节，详细介绍了民居的形制及其与传统宗法、礼教的关系[②]。孙大章的《中国民居研究》则更为全面和深入，该书不仅分析了传统民居的历史、分类、形制、空间构成、美学表现和社会影响等因素，还在民居开发与保护方面进行了翔实的叙述[③]。这些学者作为传统民居研究的倡导者和代表者，他们的研究成果不仅丰富了中国建筑学的理论体系，也为理解、保护和传承传统文化提供了宝贵的资源。他们的研究涵盖了文化特性、建筑空间、营造技术及民居保护等多个方面，为我们提供了一个全面而深入的认识框架。

对现有我国传统民居研究的视角主要有两个方面。一是从建筑本体来研究民居，主要从功能形态和类型分析开始。1930年对河南、陕西、山西等省的窑洞进行了调查和考证的《穴居杂考》，1985年出版的陈志华等主编的《中国乡土建筑系列丛书》、左满常等著的《中国民居建筑丛书》：《河南民居》和1994年出版的《福建土楼》等都是就某一类型民居建筑所作的深入研究；二是从结合建筑聚落文化来研究民居，比较集中和系统的有1997年出版的《中国居住文化》和《云南民族住屋文化》等，并且达到了相当高的研究水平。特别是彭一刚撰写的《传统村镇聚落景观分析》一书，从聚落的地区气候、形态结构、空间景观、民族文化等方面着手，对各地区村镇聚落景观文化的研究起了推动作用[④]。

从地理学角度对民居区域分布和形态结构变迁的研究主要集中在，聚落形成发展与地理环境关系的研究、民居聚落的规模与布局

① 刘敦桢. 中国住宅概说［M］. 北京：百花文艺出版社，2004.
② 梁思成. 中国建筑史［M］. 北京：中国建筑工业出版社，1990.
③ 孙大章. 中国民居研究［M］. 北京：中国建筑工业出版社，2004.
④ 彭一刚. 传统村镇聚落景观分析［M］. 北京：中国建筑工业出版社，1992.

和聚落景观空间格局关系的研究，以及民居结构层次的体系和地理环境关系的研究三个方面。鲁鹏指出，以地理学为基础的古代聚落地理研究应重视自然环境与人类社会之间的相互作用，并以厘清人地关系及其空间演化过程为最终目标，并建议有关聚落地理的研究需要地质学、人类学等诸多学科的积极参与和共同研究，以取得长足的进步与深入的发展[①]。这种跨学科的研究方法对于全面理解聚落的形成、演变及其与自然环境、社会文化因素的相互关系至关重要。任国平等以典型案例研究法探讨地理空间因素是影响城郊乡村聚落景观空间格局的主要驱动力[②]，并认为多学科交叉和城乡人地关系的动态演化研究是今后聚落研究的趋向[③]。民居聚落与地理环境关系的研究旨在明确地理环境对民居形成、发展的协调和制约作用，并通过科学的研究和实践，建立一个既适合人类生产发展、又能保持生态稳定和文化繁荣的理想生态环境。

从社会学角度对民居聚落的研究，通过研究整个区域的社会结构、生产关系、组织形态等要素之间的关系，来解读社会现象和发展规律。其重要研究重点应放在土地问题、人口迁移和社会结构的研究上。费孝通在《江村经济》一书中深入描述了中国农民在特定地理环境下，其生产生活体系与社会结构的关系[④]。邢谷锐等指出城市化进程在推动城市经济发展、提升生活质量的同时，对乡村聚落空间产生了多方面的冲击，不仅体现在城市用地、人口规模、产业调整和设施配置上，还深刻地影响了乡村的人居环境、文化传承和社会结构[⑤]。郭立新通过对屈家岭文化的聚落形态与社会结构分析发现，黄楝树遗址的建筑群落在平面布局上既表现出很强的整体性，又各具相对的独立性，所折射出当时亲族结构的凝聚力和影响力与家庭组织的私有性和独特性之间的关系[⑥]。

生态学是研究生物与环境之间关系，特别是人类聚居同周围环境之间的协调问题。随着生态学与社会学相结合，出现了由朱利安·斯

① 鲁鹏. 环境考古·聚落考古·史前聚落地理 [J]. 地域研究与开发，2016，35（2）：175-180.
② 任国平，刘黎明，付永虎，等. 都市郊区乡村聚落景观格局特征及影响因素分析 [J]. 农业工程学报，2016，32（2）：220-229.
③ 王晓伟，何小芊，戈大专，等. 中国历史聚落地理研究综述 [J]. 热带地理，2012，32（1）：107-112.
④ 费孝通. 江村经济 [M]. 南京：江苏人民出版社，1986.
⑤ 邢谷锐，徐逸伦，郑颖. 城市化进程中乡村聚落空间演变的类型与特征 [J]. 经济地理，2007（6）：932-935.
⑥ 郭立新. 屈家岭文化的聚落形态与社会结构分析：以淅川黄楝树遗址为例 [J]. 中原文物，2004（6）：9-14.

图尔德（Julian H. Steward）在《文化变迁论》（*Theory of Culture Change*）一书中开创的文化生态学视角，为理解和解释不同文化之间的异同和关系提供了新的视角和方法。这一视角通过探讨环境、技术与社会制度之间的因果关系来解释文化特质、组织形式和社会制度的形成与变迁[①]。从文化生态学角度对民居聚落区域分布和文化变迁的研究主要包含三个方面的内容。一是生态环境的可持续发展。聚落是由自然环境、建筑环境和社会环境共同构成的复合型生态系统。当它们有机结合、互相协调达到动态平衡时，聚落居住环境能够健康发展；反之，则需要建立新的平衡系统以适应生态环境的可持续发展。二是环境与文化之间的因果关系。在特定的技术条件下，文化在与环境的适应过程中，往往与生计活动有着密切关系的一部分文化特征受环境因素的影响程度要大于另外一些特征所受的影响，这部分是其文化的核心力量，决定着整个地理区域的社会结构、政治行为、宗教习惯及居住模式等方面。三是建筑形态的空间演化。根据文化生态学和景观生态学的原理对民居的构建现状和发展前景进行评价，找出空间布局、建筑形制、环境设计及民居演化中存在的问题。这需要对区域内的人口构成、生活方式、宗教习俗及其与周围环境和资源的关系进行综合考量，为聚落民居生态系统的良性发展指明方向。

综上，民居研究一个重要的突破就是 20 世纪 90 年代中期开始的聚落学的研究方法，不同于西方聚落建筑设计理念所追求的形式美法则，我国传统聚落空间的理解和追捧受到传统村落营造的空间观和美学观的影响，更为强调情境、物境和意境的交织与融合。并且，设计理念深受封建传统社会宗法礼制的影响，并贯穿于民居建筑的聚落空间布局和建筑群体营造中，进而形成了传统民居建筑的空间形态、环境意象及其演化过程所特有的空间图式研究。

1.3   河洛民居审美研究目标和意义

1.3.1   研究目标

本书的研究目标首先是发掘、整理现有历史资料中有关河洛地区的民居和住居形态，并尽可能地做出清晰、完整的全景式描述。

[①] Steward J H. Theory of Culture Change: the Methodology of Multilinear Evolution [M]. Chicago: University of Iinois Press, 1955.

河洛地区传统民居审美文化的发展确实不是简单的建筑和遗址的排列史，而是深刻反映了人、居、环境三者之间互动与和谐共生的历史。通过深入研究河洛地区的文本资料和实地调研，能够描绘、拼贴、再现这一地区民居审美文化的丰富内涵。通过关注其特征和形式，深入挖掘其审美文化等精神层面活动发生、发展的具体规律，本书的研究目标之一就是做到不再纯客观地考据，而是含有研究者当下对现实世界的认知和体验地求证。

其次，转换视角，将聚落作为民居审美艺术研究的切入点，探寻该形式下历史时期居住主体与居住客体之间的关系。就聚落的内涵和外延来说，广义的"聚落"可以指"聚居地"，包括和本地区生活等活动有关的一切的人居环境。研究聚落民居不仅仅是"居住建筑"，也包括居住地的自然环境、建（构）筑物和文化习俗。通过对史料进行分析和对比，找寻传统聚落的发展轨迹下的"民居"主体历史轨迹，关注一定社会背景下民居的建造和变迁过程中，自然环境和社会因素起到的至关重要作用。

再者，厘清部分居住形态或具体建筑类型的"源"和"流"的关系——起源、发展和演变，这也是历史研究的目标之一。聚落形态的变迁也有一个历史的过程，对此建筑学的研究者较少涉及，而更多的是历史或考古学者在进行研究。本书企图发掘整理出河洛地区的城乡聚落形态和结构类型及其在历史发展过程中的位置。基于此，研究既要"大胆假设"，又要做到"小心求证"。

最后，深化"传统聚落"视角下特定区域位置的民居审美文化表象，特指一种经济体制下的社会环境在一定的空间地域上的投射。传统聚落及其内的公共、文化、教育和宗教性质建筑物是历史与文化传承的重要载体，它们通过营造方式、空间形态、艺术风格等方面的传承与发展，体现地域特色的历史与文化。在保护和传承这些聚落及其建筑的过程中，研究目标之一便是关注其有形空间与无形要素之间的相互作用和影响，实现其整体协调与可持续发展。

1.3.2 研究意义

在研究内容上，完成一份对河洛地区民居和居住审美文化系统、全面的全景式的研究和描述，且不乏具体的分析和实证，用以填补河洛民居历史研究的空白点，完善建筑历史研究的不足。

在建筑审美领域，传统聚落民居的美学思想及其特征为现代建筑提供了丰富的灵感来源和实践指导。在面对现代化挑战上，如何建造出既符合时代特点和文化内涵,又满足当前城市化建设需求是核心议题。在学术影响上,以聚落为基本单位进行河洛传统居住文化的研究,无疑具有深远的理论价值和学术价值。这一研究方法不仅能够确立民居历史研究的理论框架,更能深入挖掘历代民居发展及演变的内在动力和决定因素。具体来讲,首先有助于更全面地理解民居建筑在社会发展中的角色和地位,以及它们如何与自然环境、社会经济、文化习俗等要素相互作用、相互影响;其次,以聚落为单位的研究揭示了丰富而深入的社会生活、组织结构和风俗习惯等各种信息,这些信息不仅有助于更深入地了解河洛地区的历史文化和社会变迁,而且能为其他地区、其他时代的民居文化研究提供有益的参考和借鉴。

　　印度建筑师查尔斯·柯里亚(Charles Correa)强调在理解和应用传统时,必须紧密关联当地人的实际生活条件[①],提倡将传统与现代元素有机结合,进行具有个性的创新。他明确指出,尊重传统并不意味着简单地模仿过去,而是在继承传统精髓的基础上,结合现代的技术和审美需求进行创造性的发展。这一观点对于现代建筑设计和文化传承具有重要的指导意义。民居建筑作为文化与审美、科学与艺术的完美结合体,更应该与时代和人类的其他学科发展同步。在民居创作中,应该对传统文化元素进行深入研究和选择,提炼出其中的精华,并通过现代的科学技术手段进行转化和实现。这样的创作过程不仅能够保留传统文化的精髓,还能够使之符合现代人的生活方式和审美取向。

　　最后,民居历史的研究可以看作是一种"寻根",有助于深入探寻建筑原型与文化。所谓知"来龙",方可察"去脉",在新农村建设和城乡一体化建设速度加快之际,加强对传统建筑聚落民居的科学保护和艺术研究,显得极其迫切和重要,也是保护历史文化遗产,提升国家软实力的强有力支持。随着我国的古民居建筑保护的深入,发现民族风格和地域风格的建筑符号,承载着丰富的历史信息、文化传统和审美观念,它们是民族和地域文化的具象化表现。正如黑川纪章在《新共生思想》中指出的,建筑设计应该超越对形式的简单模仿和装饰的堆砌,而应深入探索那些"对文化有意义的、看不见的要素"。这些要素包括民族精神、生活方式和空间品格等,它们构成了建筑的灵魂和内核,决定了建筑的本质和价值。

---

① 汪芳. 查尔斯·柯里亚 [M]. 北京:中国建筑工业出版社,2003.

1.4 河洛民居审美研究方法

本书所研究的是关于传统聚落视角下的地域性民居审美内涵。在这里，对于聚落的研究，本身也兼容了人类学、地理学、民族学、建筑学、类型学和艺术学等方面的研究方法，涉及河洛地区的历史、文化、经济、民俗及美学等学科，也应用了一些哲学研究的成果和方法，如宗教学、语言学和现象学等。就河洛地区传统民居的研究方法来说，主要包括以下几种。

1.4.1 文献资料研究的方法

文献研究是民居历史研究的一个初级阶段，主要是搜集、鉴别、整理相关历史文献和研究资料，通过对文献的研究形成对河洛地区民居进行系统科学的论述。在文献搜集过程中，主要从三个方面进行。一是阅读有关传统民居和河南民居的书籍和文章，如《河南民居》《河南古建筑史》《中国民居》等；二是鉴别河洛地区相关村落的史料、书籍和文章等进行针对性地筛选阅读和分析整理；三是整理河洛民居的构筑行为、技术手法、尺度规律和设计法则研究，以获取更多的理论支持。

1.4.2 现存实体和实证相结合的方法

中国古代的建筑为木构架体系，易受风雨侵蚀，对于普通民居而言，较之宫殿、寺庙、祠堂等建筑则更为简陋，况且随着战争硝烟的破坏与摧残、家庭结构的变更与重组，其建筑往往很难保存和流传下来，甚至彻底消失。但一直保留着一贯的建筑风格和技术手法，现存河洛地区聚落中民居主要是在明清时期的遗存。如巩义的康百万庄园、洛阳的庄家大院（现为八路军驻洛办事处纪念馆），得以保留较多的河洛民居遗风，可以作为研究比对的重要素材，还有部分的后世修整过的河洛民居，都是弥足珍贵的研究材料。综合性的研究方法有助于更全面地认识和理解建筑及其所在的社会文化环境。

1.4.3 人类学和考古学的方法

研究民居建筑的历史应与人类学和考古学密不可分。考古学为民居建筑做了年代学研究的积累，可以更加清楚地区分不同考古文化之间的相互关系，同时透过具体的考古资料，进而清晰地探索民居聚落的社会关系、建筑形态、空间布局，乃至意识形态。人类学在收集资料和建立理论方面扮演着至关重要的角色，对现存河洛地区的聚落群体及其文化进行田野工作的调查和研究，需要深入当地，观察生活，研究社会结构，并了解当地人的思想观念。

1.4.4 艺术学和图像学的方法

艺术学和图像学是诠释古代民居艺术品的必由之路。河洛文化作为中国美术之源、书法之根、音乐之本、舞蹈之宗[1]，亦在河洛地区发扬光大，并对中国艺术文化事业的繁荣发展产生深远的影响。比如，仰韶文化以彩陶艺术为标志，形成了中国美术史上的第一个高峰；甲骨文、金文滥觞于河洛，成为中国书法艺术的不竭之源泉；裴李岗文化遗址一举出土 16 支基本完整的原始骨笛比古埃及竹笛早2000 多年；中国舞蹈艺术发源于河洛，尤其是融舞蹈、歌唱与表演于一炉的豫剧，更是出类拔萃，经久不衰。关于民居主题的图像学研究主要通过对绘画、装饰、雕塑等图像的描述，辨认它们的主题，调查它们背后的文学渊源，并且尝试探寻河洛文化的深层意义。

1.4.5 比较归纳的方法

通过归纳和分析河洛地区的传统民居建筑，我们可以发现它们在多个方面展现出共性，并对聚落的形成产生了深远的影响。在探讨这些共性及其影响时，将研究对象分为宏观和微观两个层次，可以全面理解民居建筑在特定地域和特定社会历史背景下的表现方式及其深层理念。微观研究和宏观研究在建筑学、人类学、社会学以及文化遗产保护等领域都扮演着重要的角色，它们提供了不同视角和尺度，以全面理解民居、院落乃至整个聚落的复杂性。

1.4.6 类型学的方法

目前国内对于建筑类型学理论的研究主要是围绕意大利建筑师阿尔多·罗西（Aldo Rossi）的设计思想的深化，典型作品有汪丽君著写的《建筑类型学》和刘先觉主编的《现代建筑理论》。对于现阶段类型学的研究主要集中在对及某一类型建筑的或城市历史街区的保护与更新，而运用于某一地域或区域内的民居聚落却较少。本书针对河洛地区民居审美文化研究的空白，运用类型学的方法进行

---

[1] 周文顺，徐宁生. 河洛文化 [M]. 北京：五洲传播出版社，1998.

民居的现状调研，资料的筛选整理，结构的整合提炼和成果的分类研究。首先，在对河洛地区传统聚落及其民居形式调研的基础之上，分析整理出所有出现的传统聚落及其民居形态；其次，通过类型学的原则和方法进行整合提炼，获得河洛传统聚落及其民居形态的典型案例；最后，在建构一种新的审美文化体系时，研究方法与视角的更新至关重要，因此进一步思考如何把传统聚落与民居的研究视域上升到一个新的高度。

2

河洛民居的文化背景与建筑特色

2.1　河洛源流

2.1.1　古代河洛文化

中华文化，作为以汉民族为主体的多民族的共同文化，其深厚的历史底蕴和多元的文化融合，体现了中华民族的独特魅力和精神内涵。其中，河洛文化作为华夏文化的母体文化之一，承载着丰富的历史信息和深厚的文化底蕴。这一地区不仅孕育了夏、商、周等古代文明，也为后世的汉文化、中华民族文化的发展奠定了坚实的基础[①]。

史学家司马迁在《史记》中深刻揭示了河洛地区在中国历史与文化中的重要地位。他提到"昔唐人都河东，殷人都河内，周人都河南"，[②]明确指出了河洛地区在不同历史时期的中心地位。在《史记·封禅书》中，司马迁进一步强调了河洛地区的核心地位。他提道："昔三代之居，皆在河洛之间，故嵩高为中岳，而四岳各如其方。"[③]这里，他明确将中岳嵩山包括在河洛地区之内，凸显了河洛地区在中华文化中的独特地位。总之，司马迁对河洛地区重要性的阐释，不仅提供了研究中国古代历史与文化的重要线索，也更加凸显了河洛地区在中华文明史上的重要地位和独特价值。

从地理区位的角度来探讨河洛地区，其地理范围大致为西起华山，东至豫西山地与黄河下游平原交界处，南自伏牛山、外方山，北至太岳山。这一广阔的区域涵盖了伊洛河流域、涑水流域、沁水流域及汾水下游地区[④]。以洛阳为中心，西至潼关、华阴，东至荥阳、郑州，南至汝颍，北跨黄河而至晋南、济源一带地区[⑤]。这里众多的历史名城、文化古迹和自然景观交相辉映，这些流域共同构成了独特的河洛自然环境和文化景观。

河洛地区拥有得天独厚的自然地理位置，在整个中原地区史前文化的发展过程中，河洛地区犹如一个文化的熔炉，充分展现了其

① 刘庆柱. 河洛文化是中华民族文化的核心文化 [J]. 河洛史志，2005（4）：2.
② 参见《史记》卷一百二十九《货殖列传》。
③ 参见《史记》卷二十八《封禅书》。
④ 程有为. 河洛文化概论 [M]. 郑州：河南人民出版社，2007.
⑤ 朱绍侯. 朱绍侯文集 [M]. 郑州：河南大学出版社，2005.

融合八方文化的独特能力。研究发现，河洛史前文化经历了一个清晰的链条：从裴李岗莪沟文化开始，经过仰韶文化（庙底沟一期和王湾二、三期），再到河南龙山文化（庙底沟二期和王湾二、三期），最后发展到二里头文化。在仰韶文化时期，庙底沟类型文化出现了文化融合的第一个高峰，这一时期的河洛地区不仅吸收了周边地区的文化元素，还通过自身的创新和发展，将这些元素融入自身的文化体系之中，形成了独具特色的文化风格。

本书所言之河洛文化，地域范围主要是以洛阳为中心的豫西地区。

2.1.2　河洛文化的时空范围

首先，从地理范围上来看，河洛地区的范围相对较小，特指以洛阳为中心的黄河中游地区，包括豫西山地、伊洛河流域等。中原地区则是一个更广泛的概念，狭义上指今河南一带，广义上则包括黄河中下游乃至整个黄河流域。其次，从文化角度来看，河洛地区作为中原地区的核心区域，具有深厚的文化底蕴和丰富的历史遗产。它是华夏文明的重要发祥地之一，也是中华文化的核心区域之一。在史前文化的融合与发展中，河洛地区吸收了周边地区的优秀文化成果，并不断丰富自己，形成了独具特色的河洛文化，不仅影响了中原地区，还对整个中华文化产生了深远的影响，同时也要注意到中原地区文化的多样性和复杂性。由于中原地区地域广阔、历史悠久，其文化形态呈现出多元化的特点。在中原地区，除了河洛文化之外，还有关东文化、关西文化、豫东文化等多种文化形态。这些文化形态在相互交流和融合中，共同构成了丰富多彩的中原文化。

河洛文化作为中原文化的中心区域文化，确实展现了其博大精深和内涵丰富的特点。河南大学教授朱绍侯在《朱绍侯文集》中对河洛文化的定义非常全面，它涵盖了从原始社会的彩陶文化和河南黑陶文化，到中华文化的重要符号和象征的《河图》《洛书》；从夏商周三代的史官文化强调历史的记录和传承，到周公礼乐制度对后世的政治、文化产生的深远影响；再到综合了各家学说的儒、道、佛家文化等：这些文化现象不仅体现了中国古代社会的独特性和复杂性，也为后世提供了宝贵的精神财富[1]。爱德华·伯内特·泰勒（Edward Burnett Tylor）在《原始文化》（*Primitive Culture*）一

---

① 朱绍侯. 朱绍侯文集［M］. 郑州：河南大学出版社，2005.

书中强调了文化的多元性和复杂性，以及文化在人类生活中的重要作用^①。

笔者认为，河洛文化作为一种社会现象，是经过河洛地区人们长期劳动创造所形成的产物，它既是历史现象的一种体现，也是社会历史物质和精神的沉淀，以及人们所习得的一切能力与习惯的综合体现。它能够被传承为意识、习俗、生活方式、行为规范、文学艺术和价值观念，因此文化形成的范围应超出地域界定的范围。河洛文化应覆盖河南全部地区，东与齐鲁文化链接，南与荆楚文化链接，西与秦晋文化交织，北与燕赵文化融合，还见证了客家文化的产生与发展^{②③④}。

2.2 河洛民居概述

2.2.1 民居的起源与早期发展

中国先民从"穴居^⑤""巢居^⑥"发展到"筑室^⑦"而居，创造了新的居住形式，也就是居住建筑。中国各地的民间之住宅，又称民居。在周朝及其后的历史时期，"民居"指的是普通百姓的住宅，"相视民居，使之得所^⑧"，这与"天子居处"或"王侯府第"等高级住所相区别。正所谓"朱雀桥边野草花，乌衣巷口夕阳斜。旧时王谢堂前燕，飞入寻常百姓家"。曾经王侯贵族的正统和高尚的府第宅院，时过境迁，也可成为平民百姓居住的普通建筑。在北宋时期李格非的《洛阳名园记》中有大量关于洛阳名园别墅、民居建筑的记载。李格非在记述 19 处名园后指出："园圃之废兴，洛阳盛衰之候也^⑨"，可见当时园林建筑之盛行与公卿士大夫造园享乐密不可分，成为园林式住宅的初创阶段。虽然这里提及园林为一种居住方式，但是园

① 爱德华·泰勒. 原始文化 [M]. 连树声，译. 桂林：广西师范大学出版社，2005.
② 薛瑞泽. 河洛文化的对外传播与交流 [M]. 郑州：河南人民出版社，2010.
③ 安国楼. 河洛文化与客家文化 [M]. 郑州：河南人民出版社，2010.
④ 史善刚. 河洛文化源流考 [M]. 郑州：河南人民出版社，2009.
⑤ 参见《周易·系辞》，"上古穴居而野处"。
⑥ 参见《礼记·礼运》，"昔者先王未有宫室，冬则居营窟，夏则居橧巢"。
⑦ 参见《诗经·小雅·小旻》，"筑室道谋"。
⑧ 参见《周礼疏》卷九《地官司徒》。
⑨ 参见《书洛阳名园记后》，"且天下之治乱，候于洛阳之盛衰而知；洛阳之盛衰，候于园圃之废兴而得"。

林更有着自身相对完整、独立的体系和发展历程，且内容浩繁，本书暂不作此研究。

但不论是皇家宫殿、名园别墅或百姓住宅，居住已然是人们最为关切和追求的生活内容。此时，居住建筑不仅是人们避风躲雨的地方，可以给其提供安全和保护，更是一种精神的栖居地。由于中国各地区的地理位置、自然环境与人文背景的不同，历史文脉的延续，民间风俗习惯的形成以及各历史时期社会的变革，各地民居也显现出多样化的面貌。

2.2.2　河洛民居历史演变

河洛传统民居从穴居到地面房屋再到形成聚落的演变过程，体现了我国古代社会发展的历史脉络，展示了古河洛居民如何逐渐适应环境、改善居住条件，并最终形成更为复杂的社会组织形式。

裴李岗文化和仰韶文化时期是新石器时代的重要阶段，如石固聚落遗址、仰韶村聚落遗址等提供了深入了解古代社会、经济和文化发展的重要线索。这些聚落遗址的发现，不仅说明了当时黄河流域已成为华夏经济最发达的地区，也揭示了古代社会物质文化和社会结构的发展水平。聚落布局有序，以较大型建筑为中心，体现了古代社会对于居住空间的有序规划和组织。同时，房屋平面的多样化，有圆形、椭圆形、方形和长方形等，也展现了古代人民在建筑设计和美学追求上的多样性和创新性。这一演变过程不仅是河洛传统民居的发展历程，也是古代国家形成和发展的历史见证。聚落城邦的诞生，标志着古代社会由原始社会向阶级社会的过渡。

龙山文化晚期，河洛地区的民居建筑经历了显著的变革。洛阳西郊王湾聚落遗址的考古发现，房屋建筑出现了套间、多间等形式更为复杂和多样化的平面布局①②。这一时期，地面建筑逐渐增多，显示出人们对于居住环境的舒适性和实用性有了更高的要求。进入夏代，出现了宫殿、宗庙等高级建筑与奴隶居所（穴居或半穴居）的明显等级差别。此外，距今5300多年的郑州西山古城的发现，证明了河洛地区在古代就具备了高度的城市规划和建设能力。

西周和春秋时期，中国建筑技术迎来了显著的发展，特别是在木构架建筑和夯土技术方面。这一时期，以宫室为中心的大小城市

① 李仰松，严文明. 洛阳王湾遗址发掘简报［J］. 考古，1961（4）：175-178+4-5.
② 贾洲杰，匡喻，姜涛. 禹县瓦店遗址发掘简报［J］. 文物，1983（3）：37-48+100.

开始广泛建设，宫室多建在高大的夯土台基之上，展现了当时社会对建筑规模和稳固性的追求。对于一般平民和奴隶来说，他们的居住条件虽然相对简单，但也有所改善，房屋多以半穴居为主，平面形状变化多样，审美水平进一步提高[①]，房址也通常较大，且出现了带有门道的民居，这表明当时社会对于居住环境的舒适性和安全性有了一定的要求。在等级较高的民居中出现了庭院空间，其优点是不仅提高了居住空间的利用率，还增强了家庭的私密性和安全性。装饰手法的丰富多彩，对春秋战国时期的民居建筑产生了深远的影响。这些技术的创新和材料的应用不仅提高了建筑的质量和美观性，也反映了当时社会的建筑审美和工艺水平。

对洛阳汉墓中出土的陶屋、陶楼和陶宅院等明器的考察，可以深入了解汉代民居的建筑风格和特点。小型住宅的平面布局多为圆形、方形或长方形，显示出一种简洁而实用的设计理念。中型住宅采用三合式或日字形的布局时，一排较大的高楼房屋被巧妙地用来分隔前后两个院落，增加了住宅的实用性和美观性。院落不仅为居住者提供了休息、娱乐和社交场所，还使得住宅内部空间层次丰富、主次分明。大型住宅则更为豪华和复杂，分为左右两部分。右侧为主要的居住区域，设有大门、前后两院和回廊，构成宅院的主要部分；左侧为附属建筑，用于瞭望或储藏贵重物品。贵族住宅的外部设计非常注重仪式感，它们拥有庄重的正门，作为主人和宾客出入的主要通道。在内部布局上，会在住宅中设置多个小门，方便家庭成员和宾客的进出，这些都体现了当时社会的礼仪和待客之道[②]。汉代民居在外观上通常较为简朴，不追求过多的装饰和华丽，结构讲究充实而严密，细节之处充满了匠心和智慧。

在两晋南北朝时期，城市营建有了巨大发展。北魏迁都洛阳后，在西晋洛阳都城的基础上进行了大规模的修缮，宫城北移，两侧分设官署和寺院，宫城前修建贯通南北的大道，城外设立东西两市，形成现代城市规划和建筑设计的雏形。宗教建筑盛行，尤其是营建佛寺成风。北魏杨衒之的《洛阳伽蓝记》中记载北魏王朝迁都洛阳后40年间佛教寺塔的变化。规模之宏大为洛阳千寺之冠的永宁寺木塔、保存1500年的中国唯——座十二边形砖塔的登封嵩岳寺塔、闻名国内外的洛阳龙门石窟，均建于此时。民居建筑方面无大的建树，

---

① 河北省文物研究所. 燕下都［M］. 北京：文物出版社，1996.
② 中国建筑工业出版社. 中国美术全集·建筑艺术编（袖珍本）·居民建筑［M］. 北京：中国建筑工业出版社，2004.

一般贫苦百姓和佃户仍然居住在简陋的草房或洞穴中。

隋代于公元 605 年，由宇文恺等人主持规划建造新城，城址位于汉魏洛阳城之西约 10km，洛水由西向东穿城而过，将洛阳分为南北二区。根据《大业杂记》记载："洛南有九十六坊，洛北有三十坊，大街小陌，纵横相对。"可以窥见隋唐时期洛阳城的繁荣景象，以及城市规划和建设的精细程度，但一般平民百姓的住宅并没有发生大的改变，主要是受社会等级制度、贫富差距及政治、经济和文化政策等多种因素的影响。

唐代是我国封建社会的鼎盛时期，在这一时期，以东都洛阳为中心，河洛地区的木构建筑体系进入了成熟阶段，民间住宅的发展也达到了一个全盛时期。这一时期，对于一般宅第的建筑，官府有着严格而详细的规定，体现了当时社会的等级制度和建筑风貌。中唐以后，许多官僚贵族在南区营建住宅园林，这一趋势促进了洛阳城内居民区的规划和建设。官府每 500m 见方规划一个居民区，这样的区域称为一个"里坊"，它是古代城市空间规划的基本单位，有助于实现城市空间的合理划分和居民的有效管理，代表着一种聚居形式和生活方式 [①]。里坊制度的产生与发展，使得民间住宅在技术和艺术上得到了全面的繁荣。在里坊中，每个宅院都由高大的院墙围起，形成了一种封闭而安全的生活环境。同时，住宅的设计和建设普遍遵循了明显的中轴线和左右对称的平面结构原则，体现了当时对于建筑美学的追求，唐代盛行的里坊制度促进了民间住宅的全面繁荣。

之后，民居建筑进入宋、辽、金时期，这一时期展现出了独特的建筑风格和面貌。宋代商业的繁荣，推动了都市民居建筑的变革，废除了唐代盛行的里坊制度，代之以沿街设店、按行成街的新格局。宋代民居建筑的艺术形象因琉璃、彩画等技术的发展而更加丰富多彩，体现了宋代社会文化的繁荣和审美趣味的提升。城内的小型住宅的平面布局多呈长方形，屋顶设计上则多采用悬山或歇山式，不仅具有美观大方的特点，还能有效排水，适应各种气候条件。门窗已改为檩条组合，并配有可以开启的隔扇门窗，改善了室内的通风和采光条件，使得住宅内部更加明亮、舒适。稍大的住宅则采用四合院形式，外建门屋，内部布局紧凑而有序，设计不仅体现了宋代社会的家庭结构和居住习惯，还展示了当时工匠们的精湛技艺和独

---

① 李昌九. 隋唐洛阳里坊制度考述 [J]. 郑州大学学报 (哲学社会科学版)，2008 (1)：94-98.

特审美。

到了元代，中西交往频繁、贸易发达，工程技术上有了较大的进展，相对于皇城和宫殿的宏伟壮丽，一般民居的建筑风格并没有发生大的改变，仍然延续了前代的特点。

明代作为我国封建专制制度高度中央集权的时期，对建筑尤其是居住建筑有着严格的规定和限制，在《明史·舆服志》[①]中有详细的记载。随着时间的推移和社会的发展，明代对房屋的规定也有所变通。也反映了明代在维护等级制度的同时，考虑到了社会的实际情况、百姓的需求、建筑审美和风格的要求。

清早期民居建筑在风格和制度上基本沿袭了明代的传统。到了清朝中期，随着社会经济的繁荣和文化的发展，民居建筑的平面形式也呈现出多样化的特点，除了传统的四合院形式外，还出现了许多其他形式的院落布局，如"L"形、"U"形等，体现了当时社会对于建筑美学的追求和对于工匠技艺的推崇。砖木石雕的处理极为普遍，无论是门窗、屋檐还是梁柱等建筑细部，都经过精心雕刻和装饰。清朝后期民居建筑在结构和外观上出现了显著的变化，这些变化不仅体现了西方文化的冲击，也反映了城市化进程加速的趋势。民居建造的成排成组，以供出租的变化为近代城市建筑的发展奠定了基础，粗具近代里弄住宅的雏形[②]。此时木构架体系趋于标准化、定型化和制度化，这体现了当时建筑技术的成熟和规范化。装饰意识过重，有的显得过分繁缛，这与当时社会的审美观念和风尚有关。

河洛地区的传统民居，在文化艺术方面确实深受儒家思想的影响，形成了独特的风格和体系，是中原文化和黄河流域文化的瑰宝。在民居艺术的多个方面，如材料选择、工艺处理、室内陈设及内外空间环境的创造上，都展现出了鲜明的特色和个性。在建筑形式方面，河洛传统民居主要可以划分为合院式民居和窑洞民居两大基本形态。合院式民居以木构结构为主，这种结构由柱、梁、檩、椽子等多种构件组成框架，构建出不同的房间布局。这种结构的优点在于其灵活性和可持续性。当个别构件缺失或损坏时，可以轻松地替换而不影响整个建筑的稳定性和功能性。门窗和屋面上的瓦砾同样可以方便地进行更换和维护，这种设计思路体现了可持续发展的优越性。其中，孟津区朝阳镇卫坡村的民居就是合院式民居的典型代表。

---

① 参见《明史·舆服志》（六），1974 年版中华书局标点本 1671 页。
② 孙大章. 清代民居的史学价值. ［M］//李先逵. 我国传统民居与文化第五辑. 北京：中国建筑工业出版社，1997.

　　而窑洞民居则主要集中分布于豫西一带，它们由土而生、依山而建，充分展示了与自然环境和谐共生的设计理念。在炎热的夏季，窑洞内的温度相对较低，而在寒冷的冬季则可以保持相对温暖，这种天然的调温功能使得窑洞成为理想的居住场所。同时，由于窑洞的建设主要利用的是当地的土壤和岩石，因此其建设成本相对较低，这也是其受到当地居民喜爱的重要原因之一。

2.3　河洛民居价值

　　河洛地区传统民居建筑作为与本地区人们生活密不可分的一种建筑形式，是在长期的历史演变和文化沉淀的基础上逐渐形成和发展的，代表了地域特色的居住建筑形式，具有丰富的民间艺术价值和深刻的文化内涵，是我国建筑文化遗产的重要组成部分。

　　民居建筑的价值确实可以从多个维度进行考量，包括其内在价值和外在价值。既包括其内在的历史、文化、科学和艺术价值，也包括其外在的经济价值。在保护和发展民居建筑时，应充分考虑其多方面的价值，实现可持续利用和发展，如图 2-1 所示。

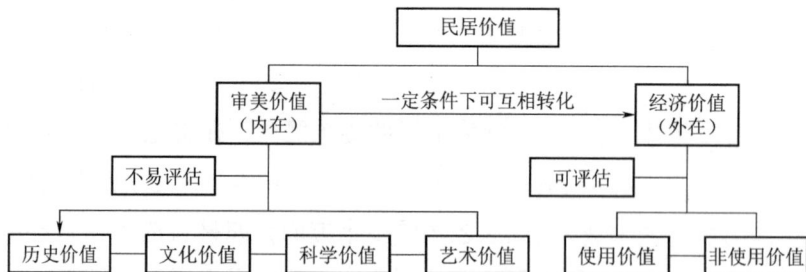

图 2-1　民居价值体系框架

2.3.1　历史价值

　　民居的历史价值确实是一个多层次、多维度的概念。从原始意义上讲，民居的历史价值始于人类定居的行为和过程，体现的是居住生活相关的实体形式（物理空间）。它不仅满足了人们的居住需求，还体现了当时社会的经济、文化和技术水平。民居的空间环境与实体形式相互依存、相互影响，共同构成了人们居住的整体环境。此外，民居还涵盖了人们的居住行为和构筑行为，蕴含了文化核心的习俗、信仰、审美等观念层次。这些却通过民居的实体形式、空间环境、居住行为和构筑行为等方面表现出来，成为传承和弘扬民居文化的重要途径。

从文化层面来看，民居的历史价值在于它作为过去某一时代的真实物质与精神形态的记录。真实性使得在评估民居价值时，不能仅仅以建筑物个体的规模、装饰、材料与技术等外在因素来确定，更重要的是它所记载和传递的历史信息，反映的当时生产力发展水平、经济制度、文化氛围等社会历史背景，这提供了了解和研究过去的重要窗口；从居住层面来看，现存民居聚落和居住模式是农耕社会数百年来形成和完善的产物，它们作为一种历史文化的保存，具有重要的历史价值。在历史建筑遗产的保护中，对于保护对象的确立、范围的划分、措施的制定和工程的实施等方面，都需要建立在对民居历史价值的充分研究基础上。

总之，民居建筑的历史价值不仅在于其物质形态本身，更在于它所承载和传递的历史信息和文化内涵。它是真实的、独特的，对于了解和研究过去的历史文化具有重要意义。因此，在历史建筑遗产保护中，对民居历史价值的研究和认识应当是最基本、最核心的内容。

2.3.2 文化价值

传统民居的表层文化是显露在外部的文化现象，在民居及其聚落中主要体现在建筑装饰及宗教文化、民俗文化的外在表象等。当人类从穴居、巢居发展到在地面上建房后，便有了最初的装饰。随着经济的发展，装饰技术的熟练和样式的增多，到了一定时期，便形成了本地区的一种装饰模式。例如，洛阳庄家大院的盘头砖雕及瓦当均有牡丹花饰，体现出"洛阳牡丹甲天下"的地方特色；宅院的门楼、庭院铺地、木隔扇门上的木雕等，均体现了明清时代当地民族的审美观念，特别是在裙板雕画有上八仙、下八仙、福禄寿三星、牡丹仙子等百余幅，表达出家族兴旺、福寿安康之意，形成地方民族建筑文化的一个组成部分。

民居及其聚落自始至终都有宗教文化的体现。原始宗教中的自然崇拜和神灵崇拜等信仰体现在宗庙、祠堂、牌坊、陵墓等建筑中。洛阳作为中国佛教的发源地所在，平民百姓所建的寺院比比皆是，变成了寺院遍布的"东方佛城"，民居艺术和佛教文化的发展相互交织、相互促进，它们不仅具有深厚的历史和文化体现，还有潜在较高的经济价值，例如，一些民居中专设用于香客捐献香火钱的佛教场所，至今在河南豫西的个别村寨中仍有体现。道教、基督教在一些民居及其聚落中的影响也多处可见。

民居的价值更重要的是表现于其深层的文化内涵，承载民族文化的同时还体现出我国传统礼制与包容的思想。以孟津卫家坡村125号民居为例，该院兴建于清代乾隆至道光年间，为四品官宅第。该建筑为五进院，厅堂为五开间，客厅与后院相通。庭院选址和格局基本上沿中轴线对称布置，中间为天井小院。前厅为会客、中厅为招待贵宾及内亲、堂屋为主要卧室、厢房为子女卧室——院落布局与空间位序的主次、内外之分，都是家庭的上下、大小、尊卑观念的体现。

2.3.3　科学价值

这里所讲的科学价值，特指对民居创作手法、创作思想的再利用。民居的创作手法包含平面布置、空间功能、施工技术和建筑材料等方面的合理措施，也包括对内外环境空间方面的处理手法。这些创作手法的背后蕴藏丰富的人文主义创作思想和哲学理念，天人合一、以人为本、因时制宜等思想可成为今后建筑创作的借鉴。同时，对现有保存较好的传统民居及其聚落形式应当保护、改造、利用，少量的改造成博物馆、纪念馆、展览馆之类，多数作为民宅使用。其室内标准可按现代生活要求进行改造设计，其建筑聚落应按生产、生活、防灾等需要增加水、电等配套设施，改善居住环境。

对于传统民居而言，大多数没有专业建筑师的设计与建造，但其创作手法与创作思想有许多精彩之处，都是从人的需要出发来解决实际的环境、功能、空间、技术和经济状况等问题。现代居住建筑可以在传统民居的基础上进行合理的借鉴。当然，并非任何手法和思路都可拿来直接使用，而要有所取舍。例如，窑洞建筑冬暖夏凉、防震抗震等，但主要缺点是通风不良，要克服窑洞建筑存在的缺点，利用热风管方案改造窑洞可以很好地解决这个问题[①]。然而由于人口增长、土地减少、家庭结构等因素的制约，窑洞民居似乎已和现代居住建筑脱离了关系，几乎无法再用。但现阶段我国提倡的"可持续发展"思想和"生态建筑"的重要战略，以及国际上城市高速建设之后又出现的"逆城市化"现象，无不在呼唤着古建筑与环境融合的可借鉴意义。需要明确古民居的科学价值，分析与提炼古民居的建筑艺术与技术价值，加倍爱护祖先留下的丰厚的民族遗产，更好地利用建筑、人与自然的相处关系，将有利于巩固传统地域文

---

① 洛阳市建委窑洞调研组. 洛阳黄土窑洞建筑［J］. 建筑学报，1981（10）：41-47.

化的哲学理念应用到现代建筑手法中，形成地方民居建筑人与自然融洽相处的环境。

2.3.4 艺术价值

传统民居的艺术价值不同于一般艺术品的文化价值，它虽然也包含着物质和精神方面的文化价值，但其独特性在于建筑的审美价值。马克思认为，人类的实践活动同动物的本能生产最显著的区别就在于人类"按照美的规律来建造"[①]。民居艺术无论是材料的选择、色彩的搭配，还是装饰的细节处理，都体现了匠人们的巧思和匠心，灵活多样的建筑表现不仅让民居本身更具艺术性和观赏性，也为人们提供了更多的审美选择。正如马克思所说："艺术对象创造出懂得艺术和能够欣赏美的大众"[②]，感受其独特的精神气质，从而在审美上得到升华和提升。

聚落民居的总体布局是构成民居建筑艺术价值的重要方面。河洛民居在这方面有着极为高超和丰富多彩的表现形式，不但在建筑上融合了院落式和窑洞式建筑文化，形成了以巩义康百万庄园和洛阳家头村张氏天井窑院民居为代表的特色聚落民居。以康百万庄园为例，因功能、地形差异所形成的不同的空间亦有明显差别，既有居住院落的适宜，也有南大院的壮丽，但都遵循着共同的内在秩序，无论是一组院落的轴线控制、对称布局，还是各组院落的串并相接、可分可合，都与居民的生活行为紧密相连。在建筑单体造型上，河洛民居展现出了极高的艺术造诣和精湛的工艺水平。从传统硬山式屋顶，重要的柱子前突，门窗洞口为矩形加半圆券组合形式，窑洞建筑的半圆形拱券形式更是以强烈的地方性特征为民居增添了魅力。

河洛民居的室内家具陈设是民居艺术价值不可分割的组成部分，不仅彰显了我国传统家具的独特的艺术魅力，而且还体现了区域文化的丰富性及多样性。室内家具陈设包括家具、文物书画和祭祀供具等，体现出当时人们的审美取向和生活状况，是当地人民在长期生活中不断地创造、总结及继承发扬艺术形式的智慧结晶。

2.3.5 经济价值

在当今社会，随着城市化的快速推进，传统民居的数量日益减

---

① 马克思，恩格斯. 马克思恩格斯全集：第 42 卷［M］. 北京：人民出版社，1979.
② 马克思，恩格斯. 马克思恩格斯选集：第 2 卷［M］. 北京：人民出版社，1972.

少，对它们的保护和研究显得尤为重要。其中，经济效益作为最主要的动力和支持，为传统民居的保护和传承提供了可能，主要体现在使用价值和非使用价值两个方面。在使用价值方面，传统民居可以作为旅游景点、展览馆、民俗馆等，吸引游客前来参观，并收取门票作为"文化消费"。河洛传统民居作为地域文化的载体，其丰富的文化内涵是吸引游客的重要因素。通过向游客展示传统民居的建筑风格、历史背景、文化内涵等，不仅可以提高游客的文化素养，还能为当地带来可观的经济收入。在非使用价值方面，传统民居作为文化遗产的一部分，具有极高的历史、文化和科研价值，它无法直接转化为经济效益，但对于传承和弘扬传统文化、推动文化多样性发展具有重要意义。因此，对于传统民居的保护和研究，不能仅仅停留在经济效益的层面，更要注重其文化价值的挖掘和传承。

河洛民居的经济价值与审美价值密不可分，一定程度上，经济价值就是审美价值的延伸，岂不知，经济价值和审美价值之间又存在着紧张关系。民居资源包含了一些较难以"货币化"的更为深层次文化性的内涵，具有社会化、真实性、科学性、艺术性等无形价值，过于强调经济价值似乎就是对审美价值的背叛。但这并不意味着民居审美价值的评估就一定要将经济效益好坏排除在外，事实上，经济学家常常无法估算民居建筑的社会价值，这还需要建筑学、考古学、人类学、文物学、艺术学等领域的专家参与其社会价值的评估。

五种价值标准在评估河洛民居或其群落时具有重要的意义，它们各自独特，但又相互关联，并在一定条件下可以相互转化，共同构成了民居及其聚落的综合价值。例如，可以通过保护和传承河洛民居的历史文化价值，推广和带动当地旅游业的发展，提高经济价值；同时，通过研究和利用河洛民居的科学技术价值，可以为现代建筑技术的发展提供借鉴和启示。

2.4 河洛民居建筑表现

2.4.1 建筑语言特征

语言是人与人、物质与环境沟通交流的重要工具，代表着社会是一个有机结构体系。弗尔迪南·德·索绪尔（Ferdinand de Saussure）

作为近代语言学的创始人，明确提出了语言符号具有"能指"（形式）和"所指"（内容）两方面内容[①]。"形式"是物体的外在基础和构造，"内容"是物体的内在结构或性质。"建筑形式"反映了建筑的类型特质和构成方式，其创作来源离不开造型的设计，建筑的本质并不只有建筑形式。"建筑内容"只能通过其形式得以实现，是建立在建筑形式语言的不断发展和日趋完善的基础上，体现了社会文化积累与科学技术不断的量变，是社会文明和人类文化的高级表现形态。正是因为"建筑形式"是"建筑内容"的外在表现，才使民居文化更有意义。

创造良好的人居环境是建筑设计的核心意义，也是传统民居学研究的终极目标。各个地域的民居之所以独具特色，正是因为它们受到各自独特的自然环境、民族历史、传统习俗以及政策法令的影响。河洛民居作为我国传统文化的重要组成部分，其体现出的思维观念、文化形态、环境理想与审美情趣，在当下的城市建设中有着重要作用。首先，它们强调与自然环境的和谐共生，注重建筑与环境的协调统一，这提供了宝贵的生态设计理念；其次，河洛民居注重空间的合理利用和功能的合理划分，体现了人性化的设计理念，这对于现代住宅设计具有重要的参考价值；此外，河洛民居在建筑形式、材料和装饰等方面的独特风格，也成为现代建筑设计丰富的灵感来源。

2.4.2　河洛民居主要类型

河洛传统民居建筑是以合院和窑洞为典范，合院式和窑洞式是河洛人民千百年来对生活感悟理解的结晶，也成为河洛民居建筑语言的重要组成部分。

1. 合院式民居

合院式民居又称庭院式民居，是由房屋与墙壁四面围合，中间形成院落或天井的民居形式[②]。合院式民居的简单居住模式产生于商周时期，一直到明清两朝才发展为成熟的具有社会群体和家庭个性特征的建筑形制，作为河洛民居中较为理想的营造模式经历了长期而又缓慢的过程。

---

① 弗尔迪南·德·索绪尔. 普通语言学教程 [M]. 高名凯，译. 北京：商务印书馆，1980.
② 刘致平，王其明. 中国居住建筑简史：城市、住宅、园林 [M]. 北京：中国建筑工业出版社，1990.

在河洛地区传统合院式民居的建筑形制中，以三合院与四合院的分布为最广泛。由于受到本地区分布着的广阔黄土、气候干燥、地形变化较大的影响，民居建筑的长宽设计不成比例，呈现出面宽较小、进深较大的形态，但建筑形式特征上大致相同。无论是三合院还是四合院，构成围合空间的各幢建筑呈围合状态，门和窗均面朝内院，外侧则包裹坚固的实墙。这种住宅以抬梁式木构架为主，在南北方向的中轴线上建造正房，东西厢房在左右两侧对称分布，房屋所围合的空间面积较大，整个院落也以中轴线为中心对称分布。院内具体分为正房和东西厢房，正房住着家族中的长辈，东西厢房住着晚辈，体现着等级秩序和长幼有序、男女有别的家庭关系。一方面，这体现了儒家思想的"仁""礼""中"等为核心的宗法体系。儒家对于"中"的道德观，是以"仁"为内在核心，以"礼"为外在形式。而且"中"也把天道与人道贯穿了起来，内在于人心、受之于天的价值观，正是一种天人合一的和谐关系；另一方面是由于私密性的需要，建筑布局紧凑，大门外设影壁墙，除遮挡视线和增强防护性以外，防风亦是作用之一。除平原地区以外，民居大多依山就势而建，建筑组合布局灵活。如康百万庄园和王铎故居等。

费孝通以"差序格局"来解剖中国的传统社会的人际格局。许烺光在跨文化的比较研究中，以《宗族·种姓·俱乐部》一书来解释中国、印度和美国的家庭观念和社会关系[①]。中国的家庭、宗族培育出中国人以情境为中心的相互依赖的行为模式。以情境为中心的特征是把亲属连接在宗族和家庭为重心的血缘纽带上，家庭生活是核心，邻里和朋友等关系为次要，表现出了这种人与人之间的处世观，规范了合院式民宅的形态和建筑布局。

合院式民居的特征、风格和形式中的特色是随着人们生产水平和生活质量的演化过程不断变化，既构成了河洛民居建筑自身的特色，也反映出居民审美文化内涵的渐变，这种不断发展和变迁的动态过程是对社会需求的不断更新，也是对建筑构成、居住环境和家庭人口的不断适应。

2. 窑洞式民居

窑洞住宅的形式历史久远，可追溯到距今100万年前的原始穴居时代，它随着社会发展，不断适应人类居住生活的要求，一直沿用至今。在黄河流域的甘肃、陕西、山西、河南四省，特别是洛阳

---

① 许烺光. 宗族·种姓·俱乐部 [M]. 薛刚，译. 北京：华夏出版社，1990.

郊区、巩义市、孟津区、陕州区和平陆县等地，窑洞数量众多，成为这些地区的主要居住形式之一。而河洛地区位于河南、陕西和山西三省交界处，其独特的地理环境和历史背景孕育了丰富多样的民居建筑形式，其中窑洞民居尤为独特。窑洞民居作为河洛民居的第二大居住形式，其主要建材——黄土在挖掘后能够保持较好的稳定性、不易崩塌，适合拱形穴居式住宅。

河洛地区的窑洞类型丰富多样，具有深厚的历史和文化底蕴。其中，靠崖式或沿山式窑洞是以丘陵、山崖和干涸河道两岸的塬壁为依托，通过向纵深挖掘的方式构建而成。这种窑洞充分利用了地形的优势，依山而建，形成了独特的建筑风格；另一种类型是下沉式或天井式窑，它利用台地向下挖成矩形深坑后，再向四壁纵深挖掘而成，设计巧妙地将居住空间与自然环境相结合，在全国是独有的民居建筑形式 [①]，体现了河洛地区人民的智慧和创造力。下沉式窑洞不仅节约了土地资源，还形成了一种独特的居住空间，使得居住者能够享受到冬暖夏凉的舒适环境。

在空间形态上，窑洞聚落民居展现出了内外相间、虚实相合、动静分离、高低错落的自然、人文和社会相辅相成的辩证关系。窑洞内部空间温暖而舒适，与外部自然环境相互呼应，形成了一种独特的和谐美感。同时，窑洞聚落民居的布局也充分考虑了社会交往和人际关系的需要，使得村落内部的社会关系更加紧密和谐。民间流传的"有千年不漏窑洞，没有百年不漏的房厦"之说，更是对窑洞民居经久耐用的高度赞誉。这不仅体现了窑洞民居在材料选择和建造技术上的优越性，更体现了人类与自然和谐相处的智慧和价值。

2.4.3　民居体系影响因素

河洛民居的基本构成体系深刻体现了物质、制度和精神三个层面的相互融合与支撑，具体涵盖了自然环境、社会组织和精神观念三大系统。三者之间以区域建筑和空间环境为核心要素，相互交织，共同塑造出河洛民居独特的审美文化意义。

首先，自然环境系统是河洛民居的基石。河洛地区独特的地理环境和气候条件，如黄土高原的丘陵、山崖和干涸河道等，为合院式和窑洞等民居形式的产生提供了得天独厚的自然条件。民居形式

---

① 李国豪，等. 中国土木建筑百科辞典：建筑［M］. 北京：中国建筑工业出版社，1999.

不仅适应了自然环境，更与自然融为一体，形成了独特的生态聚落环境。

其次，社会组织系统是河洛民居的重要组成部分。河洛地区的聚落不仅是物质空间的集合，更是社会组织的体现。人们通过共同的生活习俗、信仰和价值观等非物质文化因素，形成了紧密的社会联系和共同体意识。这种以农业为主的社会活动也是河洛地域聚落和民居发展的基础，对聚落环境的规模、性质和分布有一定的影响。经济条件优、社会活动多的地区往往聚落较为密集、民居规模较大、城市规划较完整，同样也影响着民居的结构面貌、施工水平、建筑材料和装饰设计等方面。

最后，精神观念系统是河洛民居的灵魂。河洛地区的居民在长期的历史发展过程中，形成了独特的精神观念和审美追求。儒家礼教影响下的文化观念系统不仅体现在民居的建筑风格、装饰艺术等方面，更渗透在日常生活中，成为河洛文化的重要组成部分。如果说制度管理是外在手段，那么文化精神则是内在品格，它比制度管理更具力量。在河洛传统民居建筑中，礼制主要体现在建筑的等级制度，即文庙、宗祠建筑及民居院落平面的布局方式。村内的布局中常恪守着礼制规定，祠堂处于最好的地理位置，民居围绕祠堂构成村落的中心，整个村落坐北向南，入口在东南方位。由于受封建宗法的影响，正堂屋居中，为一家人起居中心，并设立供案，布置供奉先祖的灵牌，是全家缅怀先人以正家规的场所。

笔者认为，对于河洛民居的传承弘扬，一方面要迅速整理和挖掘仍然存在的历史信息（民居文化遗产），另一方面，要在对具有典型代表意义的聚落民居进行保护的基础上，对其进行科学的改造，而这一改造所需遵循的原则也来源于本书研究——通过聚落对该地区民居文化构建、审美文化特征、聚落居住模式形成机制的研究来归纳传统民居的设计形制、构造类型、构成要素和规模布局，进而根据对传统聚落基因特点的分类与分析，深化对河洛传统民居的审美文化认识。

3

河洛民居聚落文化

参

康百万庄园

聚落作为居民生活及文化聚集的区域总称，是人类社会的构成单元，也是整个民居文化与宗教礼仪、道德信仰与生活方式的根本载体。传统聚落作为地域文化载体的重要文化景观，解读其空间分布差异及规律，不仅是建筑、环境与空间等物质元素的组织联系，而且也是揭示其背后社会、经济、文化等非物质元素的综合体现。

3.1　传统聚落文化分布

3.1.1　传统聚落分布

在宏观的空间尺度上，对河洛地区进行空间和位置的统计分析，以"点"的形式来代表区域聚落分布。在自然环境中，点的要素在空间分布中呈现出三种主要状态，即随机分布、集聚分布和均匀分布。以往研究中，衡量聚落合理分布的标准是通过最邻近距离和最邻近点指数来评估。最邻近距离和最邻近点指数是评估聚落合理分布的重要工具，通过量化点状事物在地理空间中的邻近程度，为聚落的空间分布类型提供科学的评估依据。

最邻近距离的卫坡村民居和石碑凹村相距不到15km，而民居的分布也是以洛阳—郑州为中心，呈现随机分布的状态，表现出河洛地区民居主要是在洛阳、郑州和三门峡几个区域城市。这些民居根据地形特点因地制宜、结合人文环境就地衍生，形成了统一多变的民居形式，从院落组合、单体建筑形态到景观设计、构造技法等都存在着不同程度的差异性，既相互影响又各自变化。

为了直观地反映河洛地区传统聚落的空间分布规律，对河洛传统聚落分布进行密度分析。其密度分布主要有三种表达方法，即核密度、线密度和点密度，本书综合使用点密度和核密度法研究河洛地区传统聚落的空间分布格局及其趋势。根据概率理论，点密集的区域就代表着发生事件的概率高，反之则概率低。

河洛地区传统聚落呈现出在全局趋向均匀分布，局部地区集中分布的特点。受物质文化、制度文化和精神文化三要素的影响，体现了社会宗法、文化结构和经济生活三个方面，在文化核心区分布普遍集中，如洛阳、郑州文化核心区。从中可以看出：

1. 宗族血缘，凝聚核心

河洛传统社会的基本结构是由血缘纽带结合而成的宗族体系。

宗族是以祖先崇拜为核心，以伦理情境为中心，把亲属关系连接在家庭之上，用以凝聚整个家族和族群精神的居住聚落。在传统社会中随着社会经济的发展和外来文化的"入侵"，宗族的作用得以扩大，久而久之便形成了地方性的自治实体单位，负责管理宗族内部和居民各项事务的职责。

许烺光在《宗族·种姓·俱乐部》一书中对中国的社会宗族进行了研究。他指出，任何人都有生物性和社会性的需要，前一种需要是所有动物都具有的需要，后一种是关于安全、社交、地位等人类行为的需要。社会性需要应首先在家庭中得到满足，如果在初级群体中得不到满足的话，就会到二级群体中去寻找，而宗族便是决定中国社会的二级群体，培育出了中国人以情境为中心和相互依赖的行为模式[1]。于是在中国独特的伦理道德背景下，与之相应的一整套宗法制度和以人伦为基础的传统思想文化应运而生。

首先，作为宗族制度象征的祠堂建筑自然成为村落整体布局的起点与核心，同时，作为凝聚全族力量、展示家族文化的建筑物，宗祠、家庙也具有了村落公共活动中心的场所功能。它们往往形态突出、地位明显，成为祭祀神明和世俗娱乐的平台；其次，作为血缘宗法制度核心的传统礼制思想也影响了河洛窑洞建筑的构建，在其结构、外观、装饰、材料等各方面留下了深深的烙印，如合院式窑洞空间中各房间的比例、尺度等要素，严格按照主从关系来进行，体现长幼和尊卑秩序；最后，反映在聚落的空间密度上，常常表现为以宗族为主导的生活方式逐渐衍生出以家族聚居为特征的居住格局，这是一种节点状向心聚合形式，正如费孝通提出的"差序格局"一词，亲属关系像水面上泛开的涟漪，一圈一圈地向外延伸，形成了层次分明的网络关系。例如，魏家坡古民居的魏姓、康百万庄园的康姓、秦氏旧宅的秦姓，都是村落中独具特色的家族。因此，聚居村落并不仅仅是一个地域上的概念，还是在宗族制度基础上构建起的"社会结构"，更是凝聚家族核心情感的精神乐园。

2. 社会结构，文化变迁

在阿尔弗雷德·拉德克利夫－布朗（Alfred Radcliffe-Brown）对社会结构的定义："在由制度即社会上已确立的行为规范或模式所规定或支配的关系中，人的不断配置组合主要体现在社会结构的形成

---

[1] 许烺光. 宗族·种姓·俱乐部 [M]. 薛刚，译. 北京：华夏出版社，1990.

和演变过程中①。"可以看出，强调社会整体结构是其最主要的特色。在雷蒙德·弗思（Raymond Firth）看来，社会结构指的是在个人利益、个人行为被社会组织协调，人们从事共同活动的基础上，形成的人与人之间有计划、成体系的社会关系②。主要研究对象从非工业化城市入手，包括它们的各种群体和制度，以及一些例如地域、亲属、职业、性别等基本属性。雷蒙德·弗思的一篇关于中国农村社会研究的论文中，他认为农村是研究中国社会的基础，研究者应考察居民的相互关系如宗族系谱、权利运作、经济组织、宗教信仰及社会合作等方面。

通过对宗族聚居和地域因素分析不难看出，在社会结构相对稳定的情形下，经济状况、气候地形及自然资源是河洛民居形式和建筑材料构成主要的成因，具有强烈的区域特色。然而，具体到聚落的分布层面，可以清楚地察觉到社会经济与文化变迁给民居形态与结构施加的影响。聚落文化是以建筑、空间、装饰等元素来体现儒家宗法制度下的"围合"思想，对天井窑院式民居来说，其建筑形制受到了中原文化的巨大影响。

弗里德里希·拉采尔（Friedrich Ratzel）尝试从地理、空间和地方性变异的角度去描绘人类的地面分布和文化发展，进而分析文化要素分布的具体范围。把文化的研究具体到现实环境中，注重各个地区文化现象的具体条件和分布规律，为人类学的发展奠定了坚实的基础。莱奥·弗罗贝纽斯（Leo Frobenius）首次提出了"文化圈"的概念，他认为每个文化圈都具有一系列物质文化特征。但对"文化圈"作系统的理论和方法论的是弗里茨·格雷布纳（Fritz Graebner），他发现文化圈在空间上可以部分交叉重叠形成"文化层"，在地域上有一定的出现顺序和移动路线。由此可见，传播学派注重研究文化的横向散布，即文化在不同地理区域之间的传播和交流，揭示了文化之间的复杂联系和相互影响。

以河洛地区为例，在强调引起文化变迁的外部刺激（中原文化）的同时，也强调文化内部的发展是导致变迁的原因。由于地理位置的交叉和移民文化的交替，表现在洛阳、三门峡等地的家族组织结构和家族文化观念等方面，已经与中原地区的城市相比表现基本一致，相同的是都经历了从院门、影壁、院落到室内的连续空间，不

---

①　拉德克利夫-布朗. 社会人类学方法［M］. 夏建中，译. 北京：华夏出版社，2001.
②　夏建中. 文化人类学理论学派［M］. 薛刚，译. 北京：中国人民大学出版社，1997.

同的是天井窑院的空间流线更加丰富，从地面到窑院再到窑洞的空间流线，在院落居中的位置加入绿地、水井、坡道的变化，使其更具韵律感和秩序感。

3. 经济环境，生活保障

河洛地区位于我国中部，是承接东西经济和南北交通的重要枢纽，作为各族人民频繁活动和交往密切的场所，是商贾云集的货运和水运必经之地。经济地理环境是聚落和建筑发展的基础，经济活动也对聚落的性质、规模、分布及民居的营造技术和建筑形态产生重要的影响。当人们以土地作为生产资料和建筑材料时，其物质技术和建筑手段都有一定的局限性和地域性，本土材料的运用可以充分发挥其设计本质。

河洛地区的经济环境对其历史文化和建筑风格产生了深远的影响。从地理环境的角度来看，河洛地区位于黄河流域，这一自然条件为早期人类提供了丰富的水资源和肥沃的土地，这不仅促进了农业的发展，也为人类聚落的形成和发展提供了物质基础。在历史文化方面，河洛文化自仰韶时期以来就表现出与其他文化的融合和相互作用，文化的开放性和包容性使得河洛文化能够吸收并发展多种文化元素，形成独特的文化特征。例如，河洛地区在唐宋时期达到了文化发展的鼎盛时期，这一时期的建筑风格、艺术表现等都体现了高度的文化自信和创新精神。

经济环境对河洛地区的建筑风格也有显著影响。由于河洛地区丰富的水资源和便利的水运条件，许多城市和城镇沿河流建设，这些地方的建筑风格往往与水密切相关，如桥梁、码头等建筑形式的多样化和复杂化。经济结构对传统聚落的选址分布、空间格局和建筑形制等方面都有较大影响。而且，河洛地区的农业生产条件也影响了建筑风格的选择，如为了适应干旱或洪水频发的环境，建筑可能采用更加坚固耐用的材料和技术。

3.1.2 聚落特征分析

笔者从2021年6月至2024年6月的三年时间里，在河洛大部分地区做了田野调查。这些区域具体表现情况如下：

1. 负阴抱阳，择水而居

居住空间作为人类劳动的物质产物，不仅是建筑设计体系中的一个组成部分，不能脱离建筑环境单独生存，而且从自然环境与建筑共生的角度来看，"负阴抱阳""择水而居"的选址，有利于房屋采光，冬暖夏凉，排水通畅。

"负阴抱阳"是规定住宅、村落和城镇选址的格局和原则的一种传统选址方式。老子《道德经》中的"万物负阴而抱阳，冲气以为和^①"的哲学思想，深刻揭示了宇宙间万物存在的普遍规律，即"阴阳"作为事物内部的两个方面，通过相互转化和依存，使事物达到和谐统一的状态。水作为生命之源，择水而居是人类的自然属性，将水体引入居住空间，不仅可以调节建筑环境的微气候，为居民提供舒适的生活环境，还可以形成建筑与水体间的通风"走廊"，促进空气流通，增强居住空间的健康性。这种哲学思想不仅顺应了自然，也开拓了民居设计新方法，成为民居建筑与自然环境相互交流的共生媒介。

古代民居聚落的选址受堪舆的影响，讲究勘察相地，汲取水源区位，空间格局择优在基址上选择后有主峰"来龙山"，左右对称为次峰，山上植被茂盛，前面靠近河流、湖泊的地方进行建设，以便充分利用地形和水文。结合了山与水的自然优势，为人们带来方便生活、灌溉、养殖和预防洪涝灾害的舒适体验。古代人认为，这种空间布局利于"藏风聚气、趋吉纳福"，形成良好的生态环境。同样，这对于居住群体多数靠农业生产为生的河洛居民具有重要的现实意义。以巩义市康百万庄园为例，建筑选址顺应自然，背依邙岭，面临洛河，依山就势，环境优美，充分利用地形地势，近水利而避水患。这不仅有利于农耕灌溉及生活用水，改善聚落的微气候，而且又能带来造价低廉、能效低耗的生态效应，充分体现了河洛文化"天人合一、师法自然"的设计理念，是一种朴素生态观的科学表现。

2. 注重整体，景观突出

由于河洛地区独特的黄土丘陵地，适合于建造层次分明的窑洞建筑和合院民居。并且，聚落民居的形成没有非常明确的规制，大多数是由分散的建筑要素经过不断地协调环境而组成村落，整体布局较为自由；从断续的遗存和现存的民居可以看出，建筑单体结构完整，体现了传统建筑工艺的精湛和稳固；群体格局的错落有序，则展现了一种和谐统一的美感；街巷、院落多采用小尺度体系，不仅适应了当地的气候和地形条件，更营造了一种宽松舒适的居住氛围。

同时，点、线、面相组合的设计形式从乡村完整的聚落格局入手，形成总体和部分相配合的格局。这里的"点"即村落中心的公共空间节点，"线"为村中的道路骨架，"面"是由不同房屋结构所组成的有相当规模的住宅组团。所有现有的住宅房屋均保护完整，可清晰地分辨出城镇四周各处的边界。河洛民居村落一般不大，十数户为一自然村的较多，也有三五户为一自然村，其中还遍布有散户，独自一家处在山坳中或半山腰。

具有代表性的是位于孟津区的卫坡村古镇，整条中心建有卫氏的南祠和北祠，是族群敬祖崇孝、维系血亲凝聚力的重要载体。聚落由分布于村落东西、南北的主要干道构成主线，不仅通过公共活动场所和垂直于主干道的若干条小巷使民居个体紧密地联系起来，而且也是村民进行族群文化、宗教信仰、祖先崇拜等社会活动的缩影，促进了祠堂和寺庙的产生与发展，反映了人与人之间的社会关系，在一定程度上影响着聚落形态的景观特征。

3. 顺应环境，错落有致

从地区大环境的地形条件考究不难发现，聚落所处层面位于整个地形的中心，地势开阔平缓，结构层层推进，便于河洛先民择地建宅。从聚落个体空间范围来看，本书对区域小范围地形采用聚落"微地形"的统计方式进行研究后得到，河洛地区大部分的传统聚落会首选在山体或丘陵附近，其次是平原和滩地。主要原因：一是河洛地区由于连年战争，人口迁移频繁，传统聚落多注重防御，而山地防御性较好；二是选择河流水源汇集之处，狭长平地既可进行农业耕种，周边山林又可提供建材和狩猎，满足生活必要资源。

在田野调查中发现，虽然传统聚落多分布于山谷、丘陵，但其民居群落用地范围仍然处于坡度较缓的土地，而不是陡坡区域。这是因为营建于缓坡地形的建设造价、施工难度、维护成本，甚至对山体滑坡、抗洪减灾等灾害的预防，都要优于陡坡地区。

水和食物作为人类生存的基本要素，对于依靠农耕种植的河洛先民尤为重要。在结合聚落年代和规模的考证后发现，年代较早的聚落主要选址在河边滩地，且年代越早、遗存的聚落规模越大，因此聚落选址基本首先近水。黄河中下游地带处于水灾多发地，水患对聚落生存构成极大的威胁，大部分聚落会选择与中小型河流依附。传统聚落一般靠近林地，且选择耕地交错的地带营建和开采，抗风险能力较强，适宜族群繁衍发展。因此，聚落选择在凸岸营建，有利于避免水土流失和水灾侵害，这与滩地平地面积大和水资源充沛都易于聚落发展的印象相契合。

4.结构多变，空间灵活

河洛地区人口基数较大，自然基础相对薄弱，社会经济和文化发展总体水平不高，因而其聚落规模、设计水准均低于生存条件较好的东部发达地区。又受到地形环境、窑洞建设等要求，聚落内部结构较为松散多变，空间较为灵活自由，住宅分布较为凌乱。由于以宗族、家庭为单元的劳动生活方式，儒家传统婚姻居住方式和自给自足的娱乐消费方式等特点，民居中的晒谷场、牲畜圈舍等生产生活辅助用地确实占据了相当一部分空间，而闲置用地的现象也较为普遍。同时，宅基地、生产用地、荒漠地、辅助用地相互混杂，没有形成耕作半径较小的空间。

河洛民居的建筑布局和聚落结构灵活地运用巷、庭院等元素进行组合，形成了一种以"线"形生长为主的聚落结构。空间结构灵活多变，以自然山水环绕的流线和贯穿东西的道路为基本骨架，形成了一种"之"字形或"Y"字形的空间布局，不仅体现了对自然环境的尊重，也展现了人类活动与自然环境的和谐共生。例如，利用等高线排列的窑洞式或合院式建筑群，不仅节约了土地资源，也适应了河洛地区多变的地形地貌。在聚落内部，内向式院落是居民日常个人活动的主要场所，为居民提供了私密的生活空间，也体现了河洛地区传统的家庭观念和居住文化。同时，街道和其他公共场所则成为居民集体社会生活的场所，容纳了邻里间的交往、娱乐和庆典等活动，增强了社区的凝聚力和归属感。

康百万庄园建筑群依据当地民俗和居住特点，靠山窑居建在平地和冲沟旁，平地预留出建造房屋的空间位置，冲沟便于依山掏洞，按照传统的四合院的理念建造独特的窑房相结合的宅院。并且，依据等高线高差大小布置民居院落，将建造宅院分为单层、双层、三层三个空间层次，形成三维发展的建筑格局。主窑门的两侧窑脸上对称地布置着各类饰品，并且围绕着主窑建造厢房，上房窑洞作为主轴线贯穿整个宅院，这些精心的设置都是在突出主窑的中心地位。外向封闭、内向开放的布局形式，既分区明确、功能完善，又结构完整、空间灵活，对增强生产生活的互相联系和地域民居的生态适应都具有重要意义。

3.1.3　聚落类型

1.物质审美文化

作为实体形态遗留下来的传统聚落及其民居建筑的文化景观，

是有形的资产、集体的智慧、价值的建构，它表达了先民对与历史自然社会环境和社会民俗文化相和谐的居住理念和聚居模式，与河洛文明的演进和发展过程相匹配。其表现形式是具象的表层结构，审美文化即是抽象的深层结构。因此，必须抓住其内在的结构符号，即传统聚落及其民居原型，来揭示和展示聚落空间形态所表达的审美文化内涵。

然而，原型不应是单一功能性、结构性的组织类型，亦会因时间地点、宗教信仰、社会背景的不同而产生分化。因此，原型的提取应该选择兼顾功能、形式等多变因素中的不变因素。原型始终是同形态相联系的，形态又与平面紧密相关。平面形态涵盖了功能和形式等要素的多样性，同时也排除了功能和形式等要素变化的不确定性的干扰。据此，可以设立这样的概念：原型、基型、特型。

（1）原型（archetype）——河洛传统聚落及其民居平面形态的普遍性、规律性和稳定性的结构模式，可以从多个角度进行解析。首先，原型理论在建筑和文化研究中提供了一个重要的视角。荣格的原型理论强调了人类共有的心理结构和象征形式，这些原型不仅体现在文学和艺术中，也深刻影响了建筑设计、城市规划和环境艺术。在河洛地区，这种原型与区域文化特色和社会结构有关，如图腾崇拜、等级伦理秩序和家训文化等，康百万庄园亦是家训文化。

从社会结构的角度来看，传统聚落和民居的平面形态是社会结构的一种表征，这种表征不仅反映了居住者的生活方式和社会行为，还体现了社会规范和价值观。例如，河洛地区的民居通常遵循一定的空间组织形式，这不仅是对自然环境的适应，也是对当地民族风情和传统习俗的反映。窑洞式民居因其省时省力、坚固耐用、低成本的特点，深受河洛地区居民的喜爱。

原型的稳定性和普遍性也体现在其能够适应新环境的能力上。通过对河洛地区村落形态原型的研究，可以发现这些原型具有一定的灵活性，能够在保持传统特征的同时，及时适应调整新的发展需求。此外，原型的确定方法也是研究的一个重要方面，可以通过生理感官法、统计频率法、求平均值法和相似点比较法等多种方法进行。这些方法提供了不同的视角和工具，以更准确地识别和理解河洛地区传统民居和聚落的原型特征。具体方法如下：

①生理感官法：通过直接观察和体验，收集关于传统民居和聚落的第一手资料。这种方法侧重于对建筑风格、材料使用、空间布局等直观感受的记录。②统计频率法：通过对大量案例的数据收集

和分析，找出某些特征在不同案例中的出现频率。这种方法适用于量化研究，可以帮助识别出哪些特征是普遍存在的，从而为原型特征的定义提供依据。③求平均值法：在收集到足够多的数据后，可以计算各种特征的平均值，以此来概括传统民居和聚落的一般特征。这种方法有助于从宏观上把握整体趋势，但需要注意数据的代表性和准确性。④相似点比较法：通过比较不同案例之间的相似之处，找出它们共有的特征。这可以通过对比分析、分类归纳等方式进行。

结合上述方法，可以更全面地理解和描述河洛地区传统民居和聚落的原型特征。首先，通过生理感官法获取直观感受和初步印象；其次，利用统计频率法和求平均值法对收集到的数据进行量化分析，以获得更为客观和科学的结论；最后，通过相似点比较法深入探讨不同案例之间的联系和差异，从而更准确地界定原型特征。

（2）基型（prototype）——由原型的转换变形而产生的基本形式为基型。河洛地区的传统聚落及其民居，作为承载着特定地域文化和社会结构的重要载体，其设计和建造往往基于一定的原型或模板。从原型的角度出发，民居建筑和聚落可以被视为一种社会结构形态下的"器"，它们的样式和布局对应于社会结构的同质同构特征，同时也存在着因文化要素和自然要素相互交织而产生的形变。这种转换变形不仅体现在建筑形式和结构的变化上，也体现在材料使用、装饰风格及空间布局等方面。通过对原型的深入分析和理解，可以更好地把握河洛地区传统民居和聚落的设计原则和文化内涵，从而为保护和发展这一独特的文化遗产提供理论支持和实践指导。

河洛传统聚落及其民居中原型转换变形的具体案例研究可以从多个角度进行探讨。首先，从历史演变的角度，河洛地区的传统村落经历了从选址成因、形态演化到空间体系的复杂过程。这些村落不仅仅是居住地，更是文化和历史的载体，其空间形态和文化传承在现代城镇化进程中面临着挑战和变化。例如，龙山至夏商时期的聚落在社会文明化进程、文化更替中经历了显著的变化。这些变化不仅体现在聚落的物理形态上，也反映在其文化和社会结构上。在具体的案例研究中，河南郏县朱洼村和张店村的院落空间研究提供了对传统村落中院落空间特征及其变化的深入分析①。这些研究帮助

---

① 李斌，何刚，李华. 中原传统村落的院落空间研究：以河南郏县朱洼村和张店村为例[J]. 建筑学报，2014（S1）：64-69.

理解传统村落的空间肌理和街道布局是如何受到分家等社会因素影响的。

河洛传统聚落及其民居研究的基型问题是通过对原型演变的深入研究，可以更好地理解和传承河洛地区的传统民居和聚落文化，为保护和发展这一独特的文化遗产作出贡献。

（3）特型（specialtype）——有别于基型且数量远少于基型的特殊形式。在河洛地区的民居聚落研究中，这种特殊形式可能指的是具有独特建筑风格、文化特征或历史价值的民居类型。从建筑形式上看，河洛地区的民居聚落通常遵循传统的风水观点，选择吉利的地理位置进行建设。这种选址方式体现了人们对自然环境的尊重和利用，同时也反映了当地居民对传统文化的重视。此外，河洛地区的建筑风格也受到当地气候的影响，如黄土高原地区的窑洞式住宅就是适应干旱少雨、风沙大的环境而发展起来的。

河洛地区的民居聚落还体现了社会经济结构的变化。随着历史的发展，河洛地区经历了从农业社会到商业社会的转变，这直接影响了民居的规模和功能。在农业社会时期，河洛地区的民居聚落通常规模较小，布局简单，以满足农业生产和家庭生活的基本需求，民居多采用土木结构，注重实用性和适应性，反映了当时社会的稳定和保守特点。随着商业社会的到来，河洛地区的民居聚落开始发生变化。商业活动的增加带来了人口的增长和财富的积累，导致了聚落规模的扩大和功能的多样化，民居的规模变得更加宏大，建筑风格也更加精致和多样化，反映了社会经济结构的变化和人们生活水平的提高。

河洛地区的民居聚落也是多民族文化交流融合的结果。由于历史上多次大规模的人口迁移和民族融合，河洛地区形成了多元文化的共存状态，一方面，汉族的传统建筑元素在这里得到了广泛的应用和发展，如四合院、飞檐翘角等典型的汉族建筑风格；另一方面，其他民族文化的特色也融入了当地的民居建设中，如回族的尖拱券门、蒙古族的毡房等，这种多元文化的背景使得河洛地区的民居聚落在风格上呈现出多样性，既有汉族的传统建筑元素，也有其他民族文化的特色。

2. 精神审美文化

通过深入研究河洛民居聚落的精神审美文化，有助于更好地理解我国传统文化的精髓，可以挖掘出更多隐藏在建筑背后的故事和智慧，对于保护和传承这些珍贵的文化遗产具有重要意义。河洛民居聚落的精神审美文化主要体现在以下几个方面。

（1）图腾崇拜——河洛地区在汉代就已经出现了方位四神图像的崇拜，反映了古人对于自然界和宇宙的理解，以及对土地和自然力量的敬畏。"河图洛书"作为中国古代重要的文化符号，其背后蕴含的"中土"思想对河洛地区的文化和信仰产生了深远的影响，不仅是古代帝王制定政策和规划城市的基础，也是后世人们理解和解释世界的重要工具。这些信仰反映了人们对土地的敬畏和依赖，是河洛文化重要的精神审美文化。

（2）礼乐文化——河洛地区以礼为中心的等级伦理秩序，体现了深厚的礼乐文化传统，不仅体现在日常生活中的人际交往和社会活动中，也深刻影响了河洛民居聚落的建筑布局和空间设计。我国礼乐文化传统的形成和发展之地多集中在河洛地区，历代宫城的选址、布局及营建过程中都遵循礼乐文化，它的影响不仅体现在宫殿和庙宇等公共建筑的布局上，也体现在民居和其他私人建筑的空间设计中。

（3）中庸之道——河洛文化强调中庸之道，强调的是适度、平衡和和谐，这一思想贯穿于河洛民居聚落的设计和建造之中。无论是村落的整体布局，还是单个建筑的细节处理，都体现了追求平衡和谐、避免极端的原则。如合院式民居的布局讲究对称和平衡，房屋的大小、高低、进深都有严格的规定，以达到视觉和实用上的和谐。同时，合院式民居的空间构成也非常注重内部的流动性和私密性，既保证了居住者的舒适性，又符合传统的礼仪习惯。

（4）家训文化——河洛地区重视家庭教育和家训传承，这种文化在河洛民居聚落中得到了充分体现。首先，家谱作为一种重要的文化载体，记录了家族的历史和传统，是家训文化传承的重要途径；其次，家风教育作为传统家训文化传承的关键环节，通过家庭成员之间的相互影响和教育，将家训文化内化为个人的行为准则和价值观念。例如，康百万家族通过优良家风的传承，保持了家族四百多年的繁荣昌盛。最后，通过建筑装饰、雕刻、书法艺术等形式传递家族价值观和道德规范，强化了家庭成员之间的责任感和归属感。

（5）民俗文化与地域文化的结合——通过民俗文化在旅游业中的利用，可以有效保护和发展河洛地区的传统民居聚落。如举办文化节、民俗表演等活动，都可以传承和弘扬当地的民俗文化和地域文化。挖掘和开发特色旅游产品，民俗体验、手工艺制作等，可以增强居民和游客的文化认同感。

（6）场所精神的融入——在乡村聚落景观研究中引入场所精神，有助于保持村落的独特性和文化连续性。聚落内部的公共空间，如祠堂、庙宇、戏台等，是社区活动和文化交流的中心。通过让居民直接参与到公共空间的创建和改造中，不仅能确保公共空间满足居民的实际需求，还能增加他们对空间的归属感，有利于促进文化的传承和发展。

河洛民居聚落的精神审美文化涵盖了对崇拜精神、礼乐传承、中庸哲学、家训文化等多个方面，这些共同构成了河洛民居聚落独特的精神审美文化景观，对于理解和保护河洛地区的传统民居聚落具有重要的意义。

3.2 河洛传统建筑审美观念

3.2.1 建筑审美观念的缘起

河洛建筑审美观念的缘起可以从多个维度进行探讨，包括历史、文化、地理环境以及社会经济因素等。

1. 历史文化积淀

河洛文化作为中华文化的核心文化之一，其建筑遗产承载着丰富的历史文化信息，这些遗产不仅是历史的见证，也是河洛建筑审美观念形成的重要基础。河洛建筑审美观念的形成，受到了自然环境、社会经济、文化传统等多方面因素的影响。在建筑审美观念方面，河洛文化强调和谐、对称、平衡等原则，不仅体现在建筑的整体布局上，也体现在建筑的细部处理上；在建筑的细部处理上，如檐口、斗拱、门窗等体现了精细的工艺和独特的审美观念。河洛民居遗产，不仅是历史的见证，也是河洛建筑审美观念形成的重要基础，它不仅提供了研究河洛地区历史文化的宝贵资料，也为传承和发扬河洛建筑审美观念提供了重要的参考。

2. 地域文化特殊

河洛民居，作为地域文化的物质载体，深刻展现了该地区独特的文化内涵。其中，图腾崇拜、等级伦理秩序和家训文化等区域文化特色的体现，共同彰显了河洛文化的深厚底蕴，同时这还与该地区的地理区位、土壤环境和悠久的文化历史紧密相连，共同塑造了河洛建筑的独特审美观念。首先，在河洛地区，土地被视为养育万物之母，在民居的设计和装饰中，常常可以看到对土地的崇拜和对土神的祭祀，它不仅影响了民居的布局和建筑风格，还使得河洛地区的建筑在审美上呈现出一种独特的乡土气息；其次，以礼为中心的等级伦理秩序，不仅体现在社会交往中，也深刻地影响了民居的建筑格局。河洛民居在设计和建造时，严格遵守着尊卑有序的原则，从房屋的布局、大小、装饰等方面，都能看出家庭成员的地位和身份；最后，以中庸为中心的家训文化，使得河洛民居在设计和装饰上追求简洁、大方、实用的风格，避免过分奢华和浮夸。这种审美观念不仅体现了河洛人民的谦逊品质，也使得河洛建筑在审美上达到了一种和谐与平衡的审美观念。

3. 自然环境影响

自然的生态思想对河洛建筑审美观念的形成产生了较大影响，主要体现在四个方面：第一，以自然为源，以环保为本。河洛地区的建筑在设计和建造过程中，充分考虑了自然环境因素。石材和木材等建筑材料的选择与广泛应用，也体现了对自然环境的尊重；第二，创新性设计方法的应用。河洛地区的建筑在设计和建造过程中，展现了许多创新性的方法。例如，人们利用日晷来确定建筑方向，不仅体现了对自然的尊重，也带来了独特的建筑风格和视觉效果；第三，自然环境和人文环境的和谐统一。河洛地区的建筑在审美上追求自然环境和人文环境的和谐统一。建筑的设计充分考虑了与周围环境的协调，使之成为一个整体，创造出和谐的环境效果；第四，注重环保材料的使用。河洛地区的建筑在建造过程中注重环保材料的使用，如利用石材作为主要的建筑材料。石材不仅坚固耐用，还可以进行雕刻以增强建筑的美观性。

4. 社会经济发展

社会经济发展对洛阳城的设计产生了深远的影响，具体体现在洛阳城的军事防御能力、经济中心地位及建筑审美价值等方面。第一，军事防御的体现。洛阳城作为历史上的重要城市，其设计充分考虑了军事防御的需求。坚固的城墙、合理的城门布局等不仅保障了城市的安全，也为经济的繁荣和发展提供了稳定的环境；第二，经济中心地位的转移。随着大运河的开通，洛阳的经济、商业、手工业都得以发展和壮大，使洛阳成为全国的经济中心；第三，审美价值的提升。随着社会经济的发展，洛阳城的设计在注重实用功能的同时，也开始注重审美价值的提升。洛阳城作为政治、经济、文化的中心，其建筑风格和审美观念都代表了当时的最高水平。城市中的宫殿、寺庙、民居等建筑，都展现了独特的审美价值和艺术魅力。洛阳城的发展也深深影响了河洛民居的建造。

3.2.2 建筑审美观念的核心要素

"序列层次美""自然和谐美""结构精巧美""规格稳定美""造型意境美"以及"装饰艺术美"，这些都是我国传统建筑审美观念的核心要素。

1. 序列层次美

从地域文化的角度来看，河洛地区的建筑不仅仅是物质文化的体现，更是地域文化精神的载体。建筑注重空间的序列组织和层次变化，使得建筑整体呈现出一种有序的美感，它与中国古代的思想意识形态密切相关。

在单体建筑中，序列层次美通常通过建筑的立面设计来实现。例如，河洛建筑常用的台基、屋身、屋顶三段式构图，每一段都有不同的高度和装饰风格，形成了明显的层次感；此外，建筑内部的空间布局也讲究序列感，如前堂后寝、左厢房右廊等，通过空间的递进关系来引导视线和步伐，增强了建筑的序列感。序列层次美不仅体现在单体建筑之间，也体现在建筑群落的组合之中。建筑群体通常按照一定的轴线排列，形成对称或不对称的格局，轴线两侧的建筑高度、体量、风格等都有所差异，但又相互呼应，形成了整体的和谐。

此外，河洛建筑的序列层次美是通过对建筑空间设计的巧妙运用、对河洛文化深厚底蕴的挖掘传承，以及对地域文化特色的深入理解和创新性表达共同构成的。这种美不仅仅体现在建筑的形式和结构上，更体现在其能引发人们对于历史、文化和自然的深刻思考和情感共鸣。

2. 自然和谐美

河洛民居建筑的自然和谐美体现在多个方面，包括对自然环境的尊重、融合，以及在设计中追求与自然的和谐共生。洛阳及其周边地区的城市规划和建筑都深受自然环境的影响，并在此基础上发展出了独特的建筑美学和文化。

古代洛阳的城市建设和规划确实体现了古人对自然环境的深刻理解和尊重，以及"天人合一"的哲学思想，在城市规划和建筑设计中都得到了充分的体现。首先，从城市规划的角度来看，洛阳的城市布局与自然环境紧密结合，形成了"城在山中、水在城中"的独特风貌。水系构景艺术的研究进一步证实当时的城市规划和建筑高度融合了自然水系，创造出一种理想的人居环境。这种布局不仅有利于城市的通风、采光和排水，还使得城市与自然环境和谐共生，形成了独特的城市景观；其次，在建筑设计中，河洛民居建筑模仿了自然界中的山峦、水体、植物等元素，通过屋顶的曲线、檐角的翘起、门窗的雕刻等手法，营造出了富有变化和节奏感的视觉效果，不仅使得建筑本身具有了艺术美感，还使得建筑与自然环境相互呼应，和谐共生。特别是在山水环绕的地区，建筑常常采用淡雅的色调，以突出山水的自然美，进一步强调了建筑与自然的和谐关系。

3. 结构精巧美

河洛传统建筑确实以其独特的结构体系和精湛的工艺技术而著称，共同构成了其极高的艺术美感和工程智慧，它不仅在外观造型上展现出结构精巧美，其内部结构和细节处理也同样令人赞叹。

河洛传统建筑主要使用木材作为主要材料，不仅是因为木材易于加工和塑形，还因为木材本身具有优良的力学性能和生态性。榫卯结构是这种建筑的核心连接方式，它不使用钉子或胶水，而是依靠木构件之间的榫卯相互咬合，形成稳定而灵活的结构。这种连接方式不仅保证了建筑的稳固性，还使得建筑在地震时具有更好的抗震性能。

河洛传统建筑的结构特色要素主要包括斗拱、檐角翘起和屋顶重檐等，不仅体现了中国古代建筑的美学追求，也反映了其独特的技术和文化内涵。斗拱作为支撑屋顶重量的关键部件，通过层层叠加的方式分散压力，确保建筑的稳定性，同时也具有显著的装饰功能，使建筑外观更加精美。檐角翘起的设计增加了建筑的立体感和动感，使得建筑外观更加生动活泼，还有助于雨水的排泄，这是古代工匠对自然环境深刻理解的结果。屋顶重檐的设计则进一步增加了建筑的高度和气势，使建筑看起来更加雄伟壮观，这不仅是一种视觉上的享受，也是对建筑功能的一种优化。

4. 规格稳定美

河洛传统建筑的规格稳定美确实是在漫长的建筑历史中，经过无数匠人的实践、探索和创新，形成的一套严谨而独特的建筑规范和审美标准。这种美不仅体现在建筑的宏观层面，如规模、比例和布局，更在微观层面，建筑的细节装饰和工艺技术中得到了淋漓尽致的展现。

首先，从建筑的宏观层面来看，河洛传统建筑追求的是整体的和谐与稳定。无论是宫殿、庙宇还是民居，都严格遵循着"天人合一"的哲学思想，将建筑设计与自然环境紧密结合。在规模上，河洛传统建筑注重与周围环境的协调，不过于张扬，也不显得过于局促。在比例上，建筑的高度、宽度和长度都经过精心计算，以取得最佳的视觉效果并达成稳定。在布局上，建筑通常采用中轴对称的方式，以突出其庄重和威严；其次，从建筑的微观层面来看，河洛传统建筑的细节装饰和工艺技术更是达到了登峰造极的地步。在装饰上，无论是木雕、砖雕还是石雕，都体现了匠人们高超的技艺和独特的审美。这些雕刻作品不仅美化了建筑，更增加了其文化内涵和历史底蕴。在工艺上，河洛传统建筑注重细节的处理，无论是榫卯结构的连接、斗拱的搭建还是屋顶的铺设，都体现了匠人们对建筑的敬畏与热爱。

5. 造型意境美

河洛传统建筑是集形式美、空间布局和意境塑造于一体的独特艺术形式。这些建筑在表达上含蓄内敛，不张扬、不浮华，深深地体现了中华民族深沉的文化底蕴和超脱于世俗的精神追求。在空间布局上，追求简约而不简单，质朴而不粗糙，通过精心设计的空间序列和院落组织，创造出一种宁静、雅致、富有层次感的居住环境。这种布局方式不仅满足了居住的实际需求，如采光和通风，更深刻体现了古人对于空间关系的理解和对自然环境的尊重。同时，河洛传统建筑遵循中轴对称的原则，使得建筑在视觉上呈现出一种庄重而稳定的美感。院落的组织和空间的划分也体现了古人对于私密性和开放性的平衡考虑，使得居住者能够在享受私密空间的同时，也能感受到大自然的美丽和宁静。

在细部处理和色彩运用上，通过精细的雕刻、彩绘和琉璃等装饰元素，以及恰到好处的色彩搭配，营造出一种和谐、宁静、雅致的氛围。在意境塑造上，河洛传统建筑更是达到了极高的艺术境界。通过"借景"和"对景"等手法①，建筑与自然景观相互映衬，与自然环境的尊重和融合，不仅展现了古人对于天地自然的敬畏，也体现了他们追求和谐共生的生活理念。

6. 装饰艺术美

装饰艺术它不仅赋予了建筑以独特的视觉美感，更通过其丰富的装饰元素和手法，传达了深厚的象征意义和哲学思想。首先，河

① 邬东璠，陈阳. 展屏全是画：论中国古典园林之"景"［J］. 中国园林，2007，23（11）：89-91.

洛传统建筑的装饰艺术承载着丰富的历史信息，反映了不同历史时期的审美观念和文化特色。从图案到色彩，从材质到工艺，每一处装饰都经过精心设计和制作，蕴含着古人的智慧和情感；其次，河洛传统建筑装饰艺术无论是木雕、砖雕还是石雕，都体现了匠人们高超的技艺和独特的审美。这些装饰作品不仅形态各异、栩栩如生，而且寓意深远、富有哲理。

此外，河洛传统建筑装饰艺术还传达了深厚的象征意义和哲学思想。这些装饰元素往往具有特定的象征意义，如龙、凤、狮子等瑞兽象征着吉祥、权力和威严；莲花、牡丹等花卉则寓意纯洁、富贵和美好。同时，这些装饰艺术也融入了儒家、道家等哲学思想，体现了古人对于宇宙、自然和人生的深刻思考。这些象征意义和哲学思想不仅丰富了建筑装饰的内涵，也让我们能够从中领悟到中华民族文化的精髓。

河洛传统建筑审美观念的六个核心要素共同构成了我国传统建筑独特的审美体系和艺术风格，展现了中国古代社会的文化、哲学和技术水平。通过对这些要素的追求和体现，河洛传统建筑不仅成为中华民族的瑰宝，也为世界建筑艺术宝库增添了独特的色彩。

3.2.3　建筑审美观念的地域特色

我国传统建筑审美观念的地域特色丰富多样，每个地区的建筑风格都受到自然环境、气候条件、历史文化和民族习俗的影响[①]。

1. 北方地区的建筑审美特色

因其独特的地域文化、历史背景和自然环境的影响，北方地区的建筑审美特色体现在以低平、厚重的外观和简约的装饰为特点，色彩上偏向沉稳、厚重，如灰砖、黄土色等，与北方粗犷的自然环境相协调，形成了一种稳重大气、实用而庄重的设计风格。北方建筑不仅在外部装饰上展现出精湛的技艺，如木雕、砖雕和石雕等，而且在室内装饰艺术上也体现了丰富多彩的艺术表现力和感染力。在材料上，石材、木材是北方建筑的主要材料之一，适应寒冷干燥的气候条件，木质材料的审美倾向影响深远，如四合院、鼓楼等建筑形态广泛流传。

北方建筑的设计理念和特点还深受气候条件的影响，例如，高层住宅设计考虑到了冬季阳光照射的需求，以及通过跃层设计增加

---

① 赵遥，李纯，丁援. 中国建筑简明读本［M］. 北京：新华出版社，2016.

居住空间的多样性和功能性。同时，这些建筑注重保温防寒和通风透气，体现了对严酷气候的适应性。无论是宫殿庙宇的宏伟壮观，还是民居四合院的温馨舒适，都展现了北方人民对实用与美观并重的审美追求。以北京四合院为例，整体建筑外观规整、中线对称。院落布局方正，正房和厢房之间设有行人流动和休息的走廊，中心庭院不仅是家庭活动的核心区域，更象征着家族的凝聚力和稳定性。

总的来说，北方地区的建筑审美观念体现了与自然环境的和谐共存、对称与和谐的美学追求、实用与功能的完美结合以及深厚的文化与历史底蕴。

2. 南方地区的建筑审美特色

南方地区的建筑审美体现了轻盈灵动、精致细腻的艺术风格，具有鲜明的地域特色，反映了当地的气候、文化和生活习惯。首先，南方地区的建筑多采用木结构或砖木混合，强调梁柱构架和斗拱结构，不仅体现了对自然材料的利用，也反映了对环境湿热特性的适应。屋顶通常采用坡屋顶设计，有利于排水，同时也使得建筑外观显得柔和而富有流动感。此外，在装饰细节上，南方建筑追求繁复精美，常运用雕刻、彩绘等工艺手法，融入各种自然元素和地域文化特色，如花鸟鱼虫、山水云雾等，使得建筑更具艺术性和观赏性。其次，南方地区的建筑布局也颇具特色。由于地形复杂多变，许多建筑采用了错落有致的布局方式，既符合地形特征，又创造出宜人的居住环境。同时，庭院式的布局也是南方建筑的一大特色，庭院不仅起到通风采光的作用，还是家庭成员交流互动的场所。最后，南方地区的建筑色彩也十分丰富，且偏好淡雅清新的色调，如白墙黛瓦，与南方的绿水青山相映成趣。红色、黄色、绿色等鲜艳的颜色也广泛应用于建筑外墙和内部装饰中，这些色彩不仅能够抵御潮湿和霉菌的侵害，还能营造出温馨舒适的居住氛围。

综上所述，南方地区的建筑审美特色体现在建筑形式、布局和色彩等方面，这些特色不仅展现了当地的文化底蕴和生活智慧，也成为我国传统建筑艺术的宝贵财富。

3. 河洛地区独特的审美特色

河洛民居在建筑艺术上展现出了对传统审美观念的继承与融合创新，它不仅融合了南北建筑的优点，更形成了独特的地域特色。作为南北气候的过渡地带，在继承北方建筑稳重特点的同时，也融入了南方建筑的灵动与细腻，不仅体现在建筑的外观造型上，更体现在建筑的布局、结构以及装饰艺术等方面。

河洛地区的建筑在整体布局上遵循了北方建筑的稳重原则，往往采用对称的布局形式，以中轴线为中心，左右两侧的建筑在形式、体量、色彩等方面相互呼应，营造出一种庄重、严肃的氛围。同时，在结构上注重简洁明快，没有过多的装饰和烦琐的构件，展现出一种质朴、纯粹的美感。河洛地区的建筑在门窗的设置、屋檐的挑出、墙体的厚度等方面都经过了精心的考虑，以确保室内能够获得充足的光线和通风。河洛民居也大量使用了砖石材料，不仅具有良好的保温隔热性能，还体现了建筑的坚固和耐用。北方建筑的屋顶多采用坡度较缓的设计，河洛民居也沿用了这一特点，不仅利于排水，同时增加了建筑的稳定性。例如，洛阳老城区的河洛古城的四合院建筑，屋檐的挑出不仅能够遮挡夏季的烈日，还能在冬季将阳光引入室内提高室内的温度，展现了河洛地区建筑在光线摄取和利用上的高超技术。

在建筑细节和材料选择上，河洛地区的建筑吸收了南方建筑的灵动和精致，并注重室内外空气流通和湿度控制。例如，在屋檐、窗棂、门楼等部分，通过合理设置门窗、采用通透的建筑材料以及设置天井等方式，能够有效地实现室内外的空气对流，不仅为居住者提供更加舒适的生活环境，而且使得整个建筑看起来更加生动和富有韵味。

3.2.4　建筑审美观念的影响与传承

1. 体现传承

我国传统建筑审美观念对现代建筑设计的影响深远，并且在传承过程中不断融合和创新。这些观念不仅塑造了中国独特的建筑风格，更在河洛地区的建筑艺术中得到了充分体现，并在现代社会中继续传承与发展。

首先，河洛民居具有鲜明的文化基因，与河洛文化共生共荣，成为华夏文明得以一代代传承和发扬的重要载体。这表明河洛地区的建筑艺术不仅仅是物质的存在，更是承载着深厚的文化价值和历史意义。这种审美观念不仅体现在建筑的形式和结构上，还体现在装饰艺术、空间布局等方面。

其次，河洛地区的建筑艺术在传承过程中，不仅保留了其独特的传统风格，同时也进行了融合与创新。河洛地区地坑式民居、合院式民居等建筑艺术，在传承过程中保留了其独特的建筑风格和文化特色。随着时代的发展，河洛地区的建筑艺术也在不断融合现代元素。例如，在保持传统建筑风格的基础上，采用现代建筑材料和技术，提高建筑的舒适性和耐久性。创新设计理念上不断进行创新设计，使建筑更加符合现代人的审美和生活需求。

再次，河洛民居强调了与自然环境、乡土人文的巧妙结合，富有人性伦理的独特风格与装潢艺术给现代建筑带来了大量的创意源泉。如河洛地区古民居的规模宏大，主要表现在以礼仪为核心的等级伦理秩序、以中庸为中心的家训文化等地方传统文化特点。这不仅体现了河洛地区处于天地之中的特殊地理区位，以及黄土高原延伸地区的自然生态环境，而且反映出了河洛的人文历史之悠久。

最后，随着社会的发展和人们对传统文化的重视，河洛传统建筑审美观念在当地得到了政府和社会各界的扶持与帮助。当地政府和社会组织通过举办展览、研讨会等活动，加强对河洛民居的宣传和推广，同时也鼓励设计师将传统建筑元素融入现代建筑设计中，让更多的人了解和认识民族建筑艺术。

2. 呈现影响

我国传统建筑审美观念对河洛建筑的影响是多方面的，涵盖了从哲学思想、设计理念到具体建筑和装饰风格等多个层面。

我国传统建筑的审美观念深受"天人合一"思想的影响。这一思想强调人与自然的和谐共生，追求建筑与自然环境的和谐统一。在河洛建筑中，这种思想得到了充分的体现。例如，河洛民居中的合院式民居，其设计和布局充分考虑了地形、气候等自然因素，力求与自然环境相协调。

设计理念的影响上，隋唐洛阳城作为中国古代城市规划和建筑技艺的巅峰，其设计理念体现了加强军事防御性的思想。这种思想也影响了河洛建筑的发展，使河洛地区的建筑在设计和建造过程中更加注重防御功能。我国传统建筑美学中的"意境"概念对河洛建筑同样产生了深远的影响。《洛神赋图》的意境表现启示了建筑环境设计中创造意境之美的方法，而追求意境的表现手法在河洛地区的古民居文化特色中也多有体现。通过对空间布局、色彩和装饰物的设计，创造出既有传统韵味又符合现代审美的建筑环境，这不仅是对传统建筑美学的一种传承，也是对其的一种创新和发展。此外，我国传统建筑的审美特征，如木结构审美特征、群体布局审美特征以及文化内涵审美特征等，对河洛建筑同样有着重要的影响。这些审美特征不仅体现在建筑的物理形态上，也体现在建筑的文化内涵和精神象征上。例如，洛阳汉式景观建筑设计就是在提取和简化汉代设计元素的基础上，创造出既能展现大汉风雅与气度，又能满足现代功能需要的独具地域性的汉式景观建筑。

我国传统美学等思想对传统建筑设计的影响，强调了继承和发展传统建筑文化的必要性，这意味着在民居建筑的设计和建造过程中，不仅要考虑到建筑的功能性和实用性，还要深入挖掘和传承我国传统文化中的美学理念和设计智慧，从而实现传统与现代的完美融合。

3.3 河洛民居建筑审美标准

3.3.1 建筑"围合"的哲学体现

河洛传统民居建筑的"围合"思想是深具文化意涵的设计理念，它不仅在空间布局上展现了独特的魅力，更与人们的生活方式、价值观念和社会结构紧密相连。在空间布局上，"围合"思想体现了河洛人民对人与自然和谐共生的深刻理解。将住宅围合成一个封闭或半封闭的院落，这种设计不仅为居住者提供了一个免受外界干扰的私密空间，更让他们能够与自然环境保持亲密的联系。这种布局方式在保障居住者安全的同时，也符合中国人对"天人合一"的哲学追求，有利于家族内部的和谐稳定，也体现了河洛人民对家族文化的重视和传承。

"有隔有通"空间理论[1]在河洛民居建筑中得到了生动的体现。首先，院落作为民居的核心空间，通过围墙、门楼等建筑元素与外部空间相隔离，形成了一个相对封闭但又不失通透性的内部环境。这种设计既保证了居住者的私密性和安全性，又使得内部空间能够与外部环境相互渗透，形成了一种和谐共生的关系；其次，在建筑内部，各个房间之间的布局也体现了"有隔有通"的原则。通过门窗、走廊等空间元素的设置，各个房间之间既相互独立又相互连通，形成了一种既分隔又融合的空间关系，这种设计不仅有利于居住者之间的交流和互动，也增加了空间的层次感和丰富性。

同时，对"内敛"与"含蓄"之美的美学追求也在河洛民居建筑中得到了充分的体现。在河洛地区的民居中，院落的内部空间通

---

① 宗白华. 宗白华全集：第1卷［M］. 合肥：安徽教育出版社，2008.

常采用房屋围绕中心庭院而建的方式，形成了向心性的空间结构，这种设计不仅增强了空间的聚合感和向心力，还加强了家族成员之间的联系和归属感。家族成员倾向于将情感、思想和意愿隐藏于日常生活的细节之中，通过建筑空间的设计传达一种内敛而深沉的美感。这种美感不仅体现在建筑的外观上，更融入了建筑的每一个细节之中，如门窗的雕刻、屋檐的翘角、墙面的装饰等，都展现了河洛人民对于美的追求和对于生活的热爱。含蓄之美不仅影响了民居建筑的设计，也影响了河洛人民的生活方式和社会结构。民居建筑的设计中的如院落的大小、房屋的布局、门窗的朝向等，都充分考虑了居住者的实际需求和社会交往的便利性。

同时，河洛地区的民居建筑还注重虚实相生的美学意境的营造。通过实体墙面的厚重感和虚空的门窗、走廊的轻盈感之间的对比，营造出一种虚实相映、相互衬托的空间效果。这种设计使得建筑空间在视觉上更加丰富和有趣，也增强了居住者的空间体验感和归属感。

综上所述，河洛传统民居建筑的"围合"思想是一种深具文化意涵的设计理念。它不仅在空间布局上展现了独特的魅力，更与人们的生活方式、价值观念和社会结构紧密相连，不仅体现了河洛人民对自然和生活的热爱与尊重，也展现了他们对家族文化的重视和传承。

3.3.2 民居"情感"的精神追求

朱光潜从情感的角度出发[①]，深入探讨了情感在审美过程中的核心作用，他将情感视为连接审美主体和审美客体的桥梁。他强调，情感是美感经验的重要组成部分，通过"节奏感""移情"和"内模仿"等机制，情感在审美过程中发挥着关键性的作用。河洛地区的民居建筑，深受地域文化和审美信仰的影响，展现出独特的空间意境和文化表达。院落的内部空间，房屋围绕中心庭院而建，形成了向心性的空间结构，这种设计不仅加强了家族成员之间的联系和归属感，也体现了河洛人民内敛、含蓄的审美观念。

无论是建筑的轮廓线，还是门窗的排列，都呈现出一种和谐的节奏感，让人在欣赏建筑的同时，也能感受到一种美的韵律。这种"节奏感"不仅增强了建筑的美感，也加深了居住者与建筑之间的情感联系。同时，"移情"和"内模仿"也在河洛民居建筑中得到了体现。居住者通过居住和使用这些建筑，将自己的情感投射到建筑上，

---

① 朱光潜. 谈美书简：第 1 卷 [M]. 上海：华东师范大学出版社，2014.

使得建筑具有了人性化的特质。而居住者在模仿建筑的形式和风格的过程中，也进一步加深了对建筑的理解和喜爱，这种移情和内模仿的过程，使得居住者与建筑之间建立了一种深厚的情感联系。

河洛民居建筑在设计上充分考虑了地域特色和人文情怀，巧妙地运用了传统的建筑元素和符号，如斗拱、檐口、窗花等。同时，建筑的色彩搭配也体现了河洛文化的独特韵味，如红墙黛瓦、青石铺地等，都让人感受到一种古朴而典雅的气息。

更为重要的是，河洛民居建筑不仅仅是一个物质空间，更是一个文化和情感交流的载体，它们承载着当地人民的历史记忆和文化传统，通过建筑的形态、色彩和空间布局等元素，传达出一种独特的文化气息和情感氛围。这种情感与意境的营造，使得民居建筑超越了单纯的物质空间，成为连接过去与现在、自然与人文的桥梁。因此，通过考虑地域文化和审美信仰，可以创造出具有深厚文化内涵和情感共鸣的民居建筑，它不仅能够满足人们的居住需求，更能够给人们带来美的享受和情感上的满足。

3.3.3　文化"美的"主客体的统一

朱光潜关于美是主体与客体、客观与主观统一[①]的观点，为深入理解地域文化与民居建筑风格的共性与个性提供了有力的理论支撑。从这一视角出发，可以更为全面和深入地分析河洛文化的共性与个性。

从共性的角度来看，河洛文化以及众多地域文化，都遵循着美的普遍原则，如对称、协调和韵律等。这些美学原则不仅在我国传统民居建筑中得到体现，也在全球范围内被广泛运用。河洛地区传统民居建筑，作为该地域历史文化的重要载体，不仅反映了特定区域的自然地理环境条件，也体现了社会历史文化的深厚底蕴。这些共性不仅体现了美的客观性，也揭示了不同地域文化之间的相通之处。在民居建筑中，宗法礼制和家族观念等传统文化思想得到了充分的体现。这些文化思想不仅影响了民居建筑的布局和结构，还深刻影响了民居建筑的装饰和风格。无论是建筑材料的选择、建筑技艺的传承，还是建筑风格的演变，都深受这些传统文化思想的影响，这种影响使得我国传统民居建筑在保持实用性的同时，也具备了深厚的文化内涵和独特的艺术魅力。

---

① 朱光潜. 西方美学史简：第1卷［M］. 北京：人民文学出版社，2014.

从个性的角度来看，每种文化和建筑风格都有其独特的个性，这源于当地的历史、环境、社会习俗等因素。河洛地区因其独特的地理位置和自然环境，形成了具有鲜明地域特色的民居建筑风格。例如，黄土高原的土壤环境影响了民居的材料选择和建筑方式，使得这一地区的民居建筑具有独特的黄土风貌。独特的建筑风格不仅体现了当地人民对自然环境的适应和尊重，也展现了他们独特的审美追求和文化特色。

此外，在主体与客体的理解上，朱光潜的美学思想中强调"主体间性"，意味着，在民居建筑的实践中建筑师与居民、建筑与环境的深度交流，可以从以下几个方面进行理解。

首先，建筑设计的形式和功能上，建筑师在设计民居时，需要注重空间布局的人文关怀，满足居住者的生活需求和审美追求。设计不仅考虑到了建筑的功能性，也体现了对居住者情感和精神需求的关注，展现了"主体间性"美学中主体与客体、主观与客观的统一，营造舒适、和谐、富有文化气息的居住环境；其次，在对地域文化的尊重和传承上，民居建筑的设计和建造过程中必然融入大量的地域元素和文化符号，通过深入了解当地的文化背景和社会需求，将这些元素和符号巧妙地融入建筑设计中，从而实现文化的传承和创新。再次，建筑与环境的和谐共生上，民居建筑往往与自然环境紧密相连，体现了"天人合一"的哲学思想，反映了主体（人）与客体（自然环境）之间的和谐统一，是主体间性美学在建筑领域的具体体现；最后，在装饰艺术的审美上，河洛地区的民居建筑中常见的装饰艺术，如雕刻、彩绘等，不仅是对美的追求，也是主人身份和品位的展示。这些装饰艺术作品通过与观者的互动，实现了审美经验的共享，体现了"主体间性"美学中主体间的交流和对话。

3.3.4 生命"本体论"的美学表现

生命哲学体系认为，生命是一个不断流动和发展的过程，与宇宙万物紧密相连，互为依存，为理解和传承河洛文化提供了独特的视角。生命本体论，追求中西哲学的融合，特别是以"道、气、象、和"为核心范畴的生命哲学，为解读河洛文化中的宇宙观和生命观提供了理论基础。

在生命哲学体系中，"道"代表着宇宙间最根本的规律和原则，是生命流动和发展的源泉。而在河洛文化中，"道"同样被视为一种超越性的存在，是宇宙间万物的本原和归宿。这种对"道"的理解，体现了河洛文化对宇宙间根本规律和原则的深刻认识，都体现了对宇宙间最根本规律和原则的深刻认识，以及对生命本质和宇宙本原的探讨。例如，建筑的尺度和比例往往模仿自然界中的元素，如云朵、流水等，使建筑物看起来像是自然的一部分。

"气"是构成生命的基本要素，是生命流动和发展的动力。对"气"的理解，体现了河洛文化对生命本质的深刻洞察，对自然与生命尊重的生命哲学体系崇尚自然，认为自然是生命创造的源泉，这与河洛民居文化中强调与自然环境和谐共生的理念相呼应。河洛地区的民居建筑，如庭院式民居和洞穴式民居，都充分利用了当地的自然环境和资源，体现了对自然和生命的尊重。

"象"代表生命流动和发展的表现形式，是主体对客体的感知和认识。河洛文化同样注重"象"的作用，认为"象"是宇宙间万物存在的外在表现，是人们倡导艺术化的人生观，追求唯美的生活方式。河洛地区的民居建筑不仅注重实用性，还追求美观和舒适，体现了对艺术化生活的追求。

"和"作为生命哲学的核心理念之一，和谐统一的价值观宗白华的生命哲学体系强调"和"的理念，追求宇宙间万物的和谐统一。在河洛文化中，对"和"的追求，体现了河洛文化对宇宙间万物相互依存、和谐共生的深刻认识。例如，河洛地区的民居建筑注重内部空间的和谐布局，以及外部与环境的和谐共生，体现了对和谐统一的追求。

河洛地区作为中华文明的重要发源地，拥有丰富的地域文化和建筑遗产。河洛文化的根源性特征，如河图洛书和易文化，为该地区的文化传统提供了深厚的哲学和思想基础。在民居建筑方面，这种对自然的尊重和融合，与河洛地区传统民居建筑中"天人合一"的审美思想相呼应。

综上所述，通过对河洛文化传统的深入研究和理解，可以更好地保护和弘扬这一独特的地域文化。

3.4　河洛民居建筑审美实践

3.4.1　文化艺术创造之美

宗白华的观点深刻地揭示了美、真与善之间的内在联系，强调了美作为文化和艺术核心元素的重要性。在河洛民居的研究中，这种美学观点得到了生动的体现。

首先，河洛民居的智慧与创造力令人瞩目。民居的布局，体现了人们注重空间的合理划分和利用，无论是在庭院的布局、房屋的朝向还是室内的陈设，都充分考虑了当地的气候条件、生活习惯和文化传统，体现了人们对自然的尊重和敬畏。合院式和洞穴式等民居建筑类型和风格，不仅适应了当地的气候和地形，还巧妙地融入了丰富的文化内涵和艺术元素，都是当地人民根据自然环境和生产生活需求而创造的。无论是建筑结构的合理性，还是空间布局的巧妙性，都充分展现了当地人民的智慧和创造力。

其次，河洛民居将生活与艺术融为一体，实现了"生活艺术化"的目标。人们不仅注重民居的实用性和舒适性，更追求民居的美感和艺术性，他们通过精细的工艺、独特的风格和富有创意的设计，将民居打造成了一件件艺术品。这些艺术品不仅具有观赏价值，更能在日常生活中给人们带来美的享受和心灵的滋养。这种生活艺术化的实践，使得河洛民居成了一个充满艺术气息的生活空间，让人们在生活中感受到美的存在和力量。

最后，河洛民居的装饰艺术和色彩搭配等细节处理，和其中的文化象征和寓意更是体现了当地人民对美好生活的追求和愿景。石材的坚固耐用、庭院式住宅的尊卑有序等元素，都是对传统文化的传承和表达。通过民居的建设和装饰雕刻，表达了对家庭幸福、社会和谐和自然美好的向往，雕刻内容多样，寄托了人们对家庭和睦、事业兴旺的美好祝愿。这些元素不仅体现了家庭、社会和国家的尊重与热爱，还展现了人们对和谐、稳定、有序生活的追求，是河洛民居文化的核心，也是居民精神世界的重要支撑。

3.4.2　多元角度理解之美

"散步式"①的研究方法，强调自由、灵活、不拘一格的审美视角。在河洛民居的审美中，这种视角表现为对民居美的多角度、多层次的欣赏和理解。

河洛民居的美不仅体现在其建筑结构上，更在于其融入的自然环境、历史文化和人文情感。"散步美学"方法论特征是直觉与逻辑的统一，这使得在描述和阐释中国艺术意境时，能够具体而娴熟地

---

① 宗白华. 美学散步：第1卷［M］. 上海：上海人民出版社，1981.

运用这一方法。这种方法不仅体现了丰富的艺术体验和修养，也反映了将东西方文化与艺术融合的理想和视野。因此，在河洛民居的审美中，采用"散步式"研究方法意味着要从多个角度和层面去理解和欣赏民居之美，而不是单一地从某一方面进行分析。

宗白华在其作品《美学散步》中强调了美学的"自由"取向，并通过对中国历史的"散步"巡礼揭示出中国古典美学的吉光片羽。这种自由活泼的审美心胸，是对中华民族灿烂美学精神的一种亲切体悟。因此，在河洛民居的审美中，采用"散步式"研究方法就是要保持一颗开放和自由的心，以一种轻松自在的态度去感受和理解民居中的美学元素。另外，"散步美学"作为一种独特的学术流派和审美观念，不仅体现在学者们的美学研究方法和风格上，更深刻地反映了他们的审美境界和人生境界。这意味着在河洛民居的审美中，采用"散步式"研究方法不仅仅是为了欣赏其外在的美，更重要的是要深入理解民居所蕴含的文化意义和精神价值。

在"散步式"审美视角下，人们不仅可以从不同的角度去观察和理解河洛民居，还能深入感受到它们所蕴含的历史韵味和人文情怀。从远处欣赏河洛民居的整体布局，人们可以领略到一种宏观的美感。这些民居往往依山傍水，错落有致地分布在自然环境中，与周围的山水景观融为一体。它们的布局既符合了自然规律，又展现了人类智慧的巧夺天工。这种整体的美感让人感受到一种和谐与平衡，仿佛能够听到历史的回声，触摸到时间的脉络。而从近处品味河洛民居的细节处理，则能够让人们更加深入地感受到这些民居的独特魅力。无论是雕刻精美的门窗，还是别具一格的装饰元素，都体现了当地工匠的精湛技艺和独特审美。这些细节处理不仅让民居的外观更加美观，更增添了其文化内涵和历史底蕴。进入民居内部，人们可以感受到一种温馨而宁静的居住氛围。河洛民居的内部设计往往注重通风采光和空间的合理利用，使得居住者能够享受到舒适的生活环境。

同时，内部的装饰和家具也充满了地方特色和文化气息，让人仿佛置身于一个历史与现代交织的世界。从外部观察河洛民居与环境的和谐共生，也是"散步式"审美视角下的一种重要体验。这些民居不仅尊重自然环境，更通过巧妙的规划和设计，与周围环境形成了良好的互动关系。这种与环境的和谐共生不仅体现了人们对自然的敬畏和尊重，更展现了人类与自然的和谐共生之道。

3.4.3　深描体验感悟之美

通过深入体验和感悟来领略传统艺术的美，将艺术体验作为美学研究的切入点，构筑了以艺术境界为核心的美学思想体系，这种体验和感悟不仅限于艺术作品本身，也涉及对民居建筑的理解和研究。在河洛民居的审美中，这种体验和感悟表现为对民居实际使用过程中的舒适度和宜居性的关注，以及对民居所承载的历史文化和地域特色的深入理解。例如，巩义传统民居的研究表明，这些民居因其数量大、种类全、名宅众多、风貌完整等特点，在河洛地区的传统民居中占据重要地位。

河洛民居的实践体验不仅是对物理空间的感知，更深层次地涉及与居住者历史文化、地域文化的微妙联系。首先，河洛民居通过身临其境的方式，可以使人们感受到民居内部空间的布局、尺度和比例，体验到民居带给的心理舒适和居住便捷之感。这种空间的体验不仅关注物理环境的舒适度，更在于与居住者行为、心理、情感之间的微妙联系，体现了建筑作为"凝固的音乐"所独有的时间性和空间性。

其次，河洛民居的审美感悟是对历史文化的深刻挖掘。这些民居承载着丰富的历史信息和文化内涵，通过对其建筑风格、装饰艺术、建筑材料等方面的细致观察和研究，人们能够领略到不同历史时期的文化特色和地域风情。这种审美感悟不仅是对历史的回顾，更是对传统文化的传承和弘扬，使得河洛民居成为连接过去与未来的桥梁。

此外，河洛民居的审美还体现在对地域文化的独特理解上。在审美过程中，人们需要深入理解地域文化的精髓，感受其与民居之间的紧密联系，领略河洛民居所独有的地域魅力和文化特色。通过亲身体验和感悟，人们能够更深刻地领略河洛民居的美学内涵，这种深入体验与感悟的方式，不仅丰富了人们对河洛民居美的认识和理解，也进一步彰显了宗白华美学观在河洛民居审美中的重要作用。

河洛民居作为一种独特的文化遗产，其蕴含的美学价值和文化内涵，能够激发观众对于传统文化的重新认识和尊重，进而促进个人精神世界的丰富与升华。同时，在欣赏民居的过程中，亦有机会与当地居民进行深入的交流和互动。这种交流不仅能让观众更直观地了解当地居民的生活方式、价值观念和审美追求，还能增强观众对地域文化的理解和认同。这种审美实践的体验性和互动性，赋予了河洛民居作为文化遗产的广泛吸引力，也使得河洛民居成为一种具有广泛吸引力的文化遗产。

3.4.4　社会科技发展之美

河洛民居美学是体现在对自然和谐、人文精神以及地域文化的深刻理解和表现之上。随着社会科技的发展，河洛民居美学也在不断地演变和创新。

首先，传统的营造技术和材料需要适应现代建筑材料和施工技术的要求。例如，新型环保材料的广泛使用不仅提高了建筑的耐用性和安全性，还降低了对环境的影响。同时，现代建筑技术的引入为建筑设计带来了革命性的变化，使得建筑作品在形态、功能、可持续性等方面都呈现出前所未有的灵活多样和适应性，从而更好地满足了现代人的居住需求。

其次，现代设计理念和技术的应用需要尊重和传承河洛民居的传统美学特征。通过数字化手段，如三维建模、虚拟现实等，可以更加直观地展示设计方案，提高设计效率和建造质量。此外，互联网的普及也使得河洛民居建筑美学得以跨越时空限制，传播到更广阔的领域。

最后，社会科技的发展促进了河洛民居美学的传承和创新。如何在传统建筑美学的基础上，创造出符合现代生活方式的建筑作品，成为当代设计师团队面临的重要课题。同时，如何利用科技手段保护和修复古建筑，也是一个值得探讨的问题。

因此，在保留传统美学特征的基础上，引入现代科技元素，成为河洛民居美学发展的重要课题。河洛民居的审美实践本身是一个多元化且丰富多彩的过程，不同的文化、历史背景、个人经历和情感体验，都会塑造出独特的审美视角和体验方式。不仅是其建筑本身的美，同样，审美体验的多元化也意味着我们在欣赏任何艺术作品或自然景象时，都能够从多个角度、多个层面去感知和理解，从而丰富我们的审美世界，提升我们的审美素养，体现着背后所承载的历史、文化、地域特色与人文情怀的交融。

3.4.5　河洛民居实例

康百万庄园作为明清时期河洛地区堡垒式建筑的代表，其独特的建筑艺术特色和深厚的审美文化内涵，为我们理解民居审美的地域性提供了宝贵的案例。本节将从历史文化背景、建筑艺术特色、审美文化分析以及社会价值与影响四个方面进行阐述。

1. 历史文化背景

康百万庄园位于河南省巩义市康店镇，是康氏家族的生活场所，也是其商业活动的重要基地（图 3-1）。庄园始建于明末清初，随着康氏财富的积累，从最初的山腰延伸至山顶，形成了占地 240 余亩的庞大建筑群，为中国三大地主庄园之一。它不仅包含了住宅区、栈房区、作坊区等生活和工作区域，还包含了祠堂、楼阁等建筑，总计拥有 571 间房屋，建筑面积达到 64300m^2。

庄园其文化价值极高，不仅体现了中国古代的家族文化、宗族伦理和理想追求，还反映了康氏家族的商业思想和社会责任感。同时，园内的石雕、木雕、砖雕等艺术品，不仅被誉为河洛艺术的奇葩，体现了中国古代建筑艺术的精湛技艺和独特魅力，也承载了丰富的历史文化信息。这些艺术品和庄园的整体建筑风格共同构成了康百万庄园独特的审美文化内涵，使其成为研究明清时期河洛地区社会经济、文化艺术等方面的珍贵资料。

2. 建筑艺术特色

康百万庄园的建筑艺术特色鲜明，充分融合了传统与现代、地域与文化的精髓。庄园的建筑设计美感不仅体现了"天人合一，师法自然"的传统哲学思想，还巧妙地利用了地形和地理位置进行了创新和变化。各个四合院里面均建有窑洞，这样不但解决了传统住宅的基本功能要求，而且提高了空间的层次感与纵深。另外，庄园的整体空间布局具备东西向心、中轴对称、多路径联系的特点，不但遵循我国传统文化中的礼节准则，而且提高了建筑物的总体美观与安全性。

在整体布局上，庄园建筑布局严谨，各区域功能明确，包括寨上和寨下住宅区、南大院、祠堂区等在内的十个部分，每部分都采用两进式或三进式的四合院设

图 3-1 康百万庄园

计，使得庭院深深、错落有致，增加了庄园的层次感，既体现了封建社会的等级制度，又展示了庄园主人对于空间布局的巧妙运用。

庄园的建筑风格独特且令人印象深刻，它融合了中原传统民居、黄土高原的窑洞、官府、园林以及军事堡垒建筑的特点，形成了一种别具一格的建筑风貌。庄园的入口设计就体现了其独特之处，门内的观景台仿照长城的瞭望台而建，不仅具有实用性，可以作为观察庄园内外情况的场所，同时也增添了庄园的历史厚重感。庄园内的建筑有着实用性与艺术性的双重追求，所使用质地坚硬的石材均来自本地，确保了庄园建筑的稳固与持久，同时也体现了建造者对于材料质量的严格把控。而木材则因其柔韧轻盈的特性，被巧妙地用于庄园建筑的内部结构构件上，如梁柱、门窗等。木材的使用不仅满足了建筑内部结构的力学需求，还增添了庄园建筑的自然与和谐之美。

在装饰艺术方面，康百万庄园内的家具与建筑、室内环境之间存在着紧密的联系和相似之处，这种和谐统一不仅体现在外形和结构上，更在细节装饰上展现得淋漓尽致（图3-2）。家具上的牙板、牙条装饰与建筑中的挂落、替木以及室内花罩的设计理念相通。替

图3-2　装饰艺术

木作为建筑中的结构性装饰部件，不仅具有加固的功能，更兼具装饰作用，在家具的装饰上椅凳的横木与立木之间、桌案的腿足与台面之间，被巧妙地运用，以及牙板与腿子之间，都采用了类似的牙子设计，既增强了家具的稳固性，又增添了观赏性。

花罩作为室内装饰的一部分，其立柱与横木之间的雕刻装饰也与家具上的牙板装饰相呼应。这种装饰风格的一致性，使得家具与室内环境融为一体，形成了统一而和谐的整体。特别值得一提的是顶子床，其外形和结构与庄园内的垂花门楼极为相似。这种相似性不仅体现在整体造型上，更在细节处理上得到了体现。这种相似性使得顶子床在庄园中显得尤为协调，与周围的建筑环境相得益彰。

在艺术效果上，庄园内的假山，形态各异，错落有致，曲廊则如同一条优雅的丝带，在景观设计通过运用假山、曲廊等"障景"法，将庄园的各个部分巧妙地串联起来，巧妙地引导游客的视线，体验不同的景观变化，使得每一步都能发现新的景色和细节。这种设计不仅增加了游览的趣味性和观赏性，更让游客在游览过程中不断感受到庄园的魅力和深意。除了假山和曲廊，庄园内的植物也起到了重要的点缀作用，不仅丰富了庄园的景观层次，更使得庄园在四季之中都能呈现出不同的风貌和韵味。例如，葡萄藤缠绕在廊架上，形成了一片片绿意盎然的遮阳伞；石榴树硕果累累，为庄园增添了丰收的喜悦；竹子则以其挺拔的身姿和翠绿的叶片，为庄园带来了清新自然的气息。

3. 审美文化分析

康百万庄园不仅作为明清时期中原地区民居杰出代表，其独特的审美文化更是跨越了时空的界限，融合了中西方文化的精髓，展现了传统与现代的完美融合。深入研究庄园，我们不难发现其审美理念在多个方面都得到了精彩体现。

首先，庄园在装饰艺术上巧妙地融合了中西方文化的元素。这种融合不仅体现在装饰材料和家具摆设上，更在整体的设计理念和艺术风格上得到了充分展现。庄园内的传统艺术元素如中国字画、古典家具、瓷器、青铜器等随处可见，它们散发着古典的韵味，诉说着千年的故事。与此同时，西方艺术品如油画、雕塑等也点缀其中，为庄园增添了一抹现代时尚的气息。这种中西合璧的装饰风格，使得庄园的室内空间在典雅与含蓄中又不失活力与时尚感，展现了一种跨越文化的独特魅力。

其次，庄园在庭院建筑上保留了豫西地区典型的两进式四合院形式，这种传统布局得以完整传承，体现了河洛地区深厚的建筑文化底蕴。同时，庄园的建筑风格、装饰元素以及文化内涵都深深植根于河洛地区的地域特色之中，使得庄园在传承传统的同时，也展现了该地区丰富的历史文化底蕴。无论是庭院建筑的布局，还是室内装饰的细节，都体现了中原文化的独特韵味。

最后，庄园的审美文化不仅是对传统文化的传承，更是对现代审美的创新尝试，将传统与现代相结合，创造出独特的审美效果，使得庄园的审美文化更加丰富多彩，充满了活力和创意。可以看出，审美文化的融合并非简单的堆砌和拼凑，而是经过精心设计和巧妙布局，使得中西方元素在庄园中和谐共生、相得益彰。审美的理念与实践不仅体现了庄园主人对于不同文化的尊重与包容，也展现了人们对于美的不懈追求和深刻理解。

4. 社会价值与影响

首先，庄园作为文化遗产的重要代表，其珍贵性不言而喻。它承载着深厚的历史文化底蕴，是中华民族建筑艺术的精华所在。保护和传承康百万庄园，不仅有助于弘扬中华民族优秀的传统文化，还能让更多的人领略到我国传统文化的博大精深和历史的厚重感。这种传承与弘扬不仅增强了民族自信心和凝聚力，也为社会教育提供了丰富的资源和平台，使得年轻一代能够更好地了解和认识自己的文化根源。

其次，康百万庄园在旅游经济方面发挥着重要的作用。随着庄园的知名度和影响力不断提升，其独特的建筑艺术、精美的装饰和丰富的文化内涵，已经成为一处热门的旅游景点，这不仅为当地旅游业的发展注入了新的活力，也为周边地区的经济繁荣作出了积极贡献。

最后，康百万庄园还具有重要的社会教育功能。通过举办展览、讲座、亲子游、学生团等活动，向公众普及了丰富的历史文化知识，提高了公众的文化素养和审美水平，也为青少年和儿童提供了一个学习和了解传统文化的平台，使他们在游玩的过程中轻松地学习到历史文化知识，增强对传统文化的认知和认同。

综上所述，康百万庄园在当代社会具有多方面的价值与影响，它不仅是一处珍贵的文化遗产和旅游景点，更是一个传承和弘扬中华民族优秀传统文化的重要载体。通过保护和传承康百万庄园，我们不仅能够弘扬传统文化，促进经济发展，还能够推动社会教育工作的深入开展，提高全民族的文化素养和审美水平。

4

河洛民居空间组合

4.1　河洛民居空间特征

4.1.1　河洛民居设计特点

考古研究揭示，我国古代的河洛地区，作为中华文明的重要发源地之一，其民居建筑特色不仅体现了时代的变迁，更蕴含了深厚的文化内涵。民居建筑从明清时期到民国时期，再到新中国成立初期，经历了漫长而复杂的演变过程。在诸多因素作用下，河洛地区形成了特征较为明显的传统民居类型，这些类型主要包括合院式民居和窑洞式民居。

1. 合院式民居特点

（1）封闭性的空间布局

合院式民居的首要特点之一，是其封闭性的空间布局，这种设计巧妙地融合了私密性、安全性和与自然环境的和谐共生。合院式民居四周通常由高墙或围墙环绕，形成一个相对封闭的空间，仅通过几个精心设计的出入口与外部世界相连。这种封闭性不仅有效地控制了人流的进出，增强了民居的安全感，还赋予其独特的防御功能。在古代，这种设计对于保护家庭财产和成员安全具有重要意义。

合院式民居的空间布局通常围绕一个中央庭院展开，多个房屋有序地分布在庭院四周，这可以保证每个房间都能够获得充足的采光和通风，同时也确保了居住空间的私密性。庭院作为合院式民居的核心，不仅是一个供家庭成员活动的场所，更是一个连接室内外空间的桥梁，通过庭院的设计，居民可以欣赏到自然风光，感受到自然环境的和谐与美好。

除了外围实体的封闭性外，古代合院式民居在空间划分上也体现了封闭性特点。院墙、门廊、影壁等建筑元素被巧妙地组合和布局，将民居内部空间划分为多个相对独立的区域，包括正房、倒座房、东西厢房等，每个区域都有其特定的功能和用途，这种形式不仅确保了居住的私密性和安全性，还使得家庭成员之间的交流和互动更加便捷。

总之，合院式民居的封闭性空间布局不仅体现了古代人们对居住环境的独特理解和追求，也展现了他们在建筑设计方面的智慧和才华，它的设计不仅为居民提供了一个安全、舒适、私密的居住环境，还使民居与自然环境和谐共生。

（2）建筑形式的多样化

合院式民居的建筑形式多样，但多以传统的木构架结构为主，这种结构形式既保证了建筑的稳定性，又使得建筑在地震等自然灾害面前具有一定的抵抗力。同时，抬梁式构架也使得建筑内部空间得以灵活划分，满足了居住和生活的多种需求。建筑外观多采用传统的建筑元素，如飞檐翘角、斗拱等，这些元素不仅展现了地方特色，还体现了我国传统文化的独特魅力。房屋皆有坚实的外檐装修，门窗皆朝向内院，外部包以厚墙，这种设计有助于保温隔热，尤其适应北方地区的气候特点。屋架结构常采用抬梁式构架，这种结构形式稳定且富有韧性，能够抵抗地震等自然灾害。屋顶设计则采用坡屋顶形式，覆盖着青瓦或琉璃瓦等防水材料，不仅美观还能防水。

合院式民居的建筑风格内敛，除了宅门之外，所有建筑结构都收敛在住宅内部，不为外人所见，这种设计体现了内外有别的传统文化观念，也彰显了古代人民对于家庭隐私和尊严的重视。在装饰与色彩方面，合院式民居也体现了其独特的艺术风格。民居的门窗、梁架、檐口等部位常常雕刻有各种图案和纹饰，如龙凤、蝙蝠、牡丹等，这些图案和纹饰不仅寓意吉祥、富贵和长寿，还展现了古代人民的审美情趣和艺术追求。同时，民居的装饰色彩也十分讲究，常用红、黄、绿等鲜艳的颜色进行装饰，使得建筑更加美观大方。这些装饰和色彩不仅体现了古代人民对于美的追求，也反映了当时社会的文化风尚和宗教信仰。

（3）内外交流与融合

合院式民居在整体布局上巧妙结合封闭与开敞元素，展现了独特的建筑魅力，其布局方式不仅可满足居住的安全性和私密性需求，同时也注重室内外空间的交流与融合。合院式民居采用四周的高墙或围墙环绕，形成了一个封闭的院落空间，可以有效地保障居住者的安全，使得内部空间免受外界的干扰，同时也为居住者提供一个私密的居住环境。然而，合院式民居并没有因为封闭性而牺牲室内外的交流与融合。在院落内部，通过设置门廊、天井、回廊等开敞空间，使得室内与室外得以相互渗透，这些不仅让居住者能够享受到充足的阳光和空气，也可增强居住空间的灵活性和多样性。

在空间布局上，合院式民居遵循了"中轴对称、前堂后寝"的传统原则。这种布局方式以中轴线为核心，将民居的主要建筑如正房、厢房等沿中轴线对称布置，形成了一种清晰的空间层次和均衡的视觉效果，不仅体现了我国传统建筑的美学观念，也反映了社会伦理和家族秩序的尊重。而且，中轴对称的布局使得民居在空间上呈现出一种庄重、稳定的感觉，这与古代社会的等级制度和尊卑秩序相契合。

前院与后院的区分也体现了合院式民居的实用性和功能性。前院作为接待宾客和举行仪式等公共活动的场所，展现了民居的开放性和社交性；而后院则作为生活起居的私密空间，为居住者提供了一个安静而且舒适的环境。

综上，合院式民居在整体布局上采用了封闭与开敞相结合的方式，既保证了居住的安全性和私密性，又实现了室内外的交流与融合。同时，其空间布局也遵循了传统原则，体现了我国传统建筑的美学观念和社会伦理。这种独特的建筑形式不仅具有历史和文化价值，也为现代建筑设计提供了宝贵的借鉴和启示。

（4）规模的独特性

合院式民居因地域、家庭人口和经济条件等因素而异，展现了其多样性和灵活性。它通常由一个或多个院落组成，每个院落都是居住空间的核心。在规模上，规模小的适合小家庭居住，简单而实用，可以营造出温馨而亲密的家庭氛围；多个院落房屋、数进院落的大的，常见于大家庭或官宦之家，宏伟而壮，且功能分区明确，满足了居住、会客、宴饮等多种需求。院落数量的多少直接反映了民居的规模和等级，以及主人的地位与实力。除了规模之外，合院式民居的空间布局和建筑结构也体现了其独特之处。房屋皆有坚实的外檐装修，门窗皆朝向内院，外部包以厚墙，不仅有助于保温隔热，适应北方地区的气候特点，也增强了民居的私密性和安全性。

合院式民居还承载着深厚的文化内涵，体现了我国传统建筑美学观念和社会伦理秩序，展现了古代社会的等级制度和尊卑秩序。同时，民居内部的装饰和摆设也反映了主人的审美情趣和文化素养。无论是雕刻精美的门窗、寓意吉祥的图案，还是摆放有序的家具和装饰品，都体现了合院式民居的文化底蕴和艺术价值。

因此，合院式民居以其独特的规模、设计和文化内涵，成为我国传统建筑文化的重要代表，不仅体现了地域特色和历史底蕴，也展示了古代社会的等级制度、尊卑秩序和文化审美。

2. 窑洞式民居特点

（1）崇尚自然的设计理念

窑洞式民居的结构独特且显著，它们主要利用地下或山体的自然形态挖掘、修筑居住空间，充分展现了与自然环境的和谐共生。其设计理念体现了对自然环境的尊重与利用，充分利用黄土的保温隔热特性，使得居住空间在冬季能够保持温暖，在夏季则能保持凉爽，实现了冬暖夏凉的居住效果，整体设计节能环保，大大提高了居住的舒适度。

窑洞式民居在黄土断崖地区，采用横向挖掘的方式形成居室，其结构通常为直壁拱顶，外高内低，既保证了结构的稳定性，又有利于排水和防止土壤侵蚀。而墙壁通常附有草泥等天然材料来加固，这样不仅增强了窑洞的坚固性，同时也使其更加适应自然环境。同时，在设计过程中，窑洞式民居尽量保留了原始的自然特点，如石头墙、窗户、石阶等设计元素，都充满了自然质朴的美感。对于窗户的剪纸装饰、炕围画的运用，不仅增加了居住的实用性，也丰富了窑洞的文化内涵，使其更具有地方特色和民族风情。

窑洞式民居将居住空间巧妙地融入山体之中，不仅减少了对自然环境的破坏，还使得建筑与环境融为一体。这种设计方式既体现了人类智慧与自然环境的和谐共生，又为现代社会提供了宝贵的文化遗产和建筑灵感。

（2）独特的建筑结构

窑洞式民居按照其构筑方式主要分为靠崖窑、平地窑和锢窑三种，根据其所处位置和文化习俗各有特点和建造方法。

靠崖窑是利用天然土壁挖出的券顶式横穴，在斜坡上挖掘出的窑洞，能够充分利用地形的优势来保护居住者免受自然灾害的影响。靠崖窑的入口一般位于地面上方，通过台阶或斜坡进入，因其位置隐蔽、结构安全，具有较好的保温性能和较强的稳定性。

平地窑，又称地坑院，是在平地上向下挖深坑，然后在坑底各个方向的土壁上纵深挖掘窑洞，即窑洞顶部是平的，四周由土壁环绕，入口位于地面之上，通过楼梯或斜坡进入。这种类型的窑洞需要较大的劳动力和时间来完成，但提供了较为宽敞的居住空间。

锢窑是在平地上用砖石或土坯按照拱券方式建造的独立窑洞，结构较为稳固，可以单独建造，也可以与其他窑洞相连。锢窑的顶部通常是拱形的，可以有效地分散重力和抵抗外力，因此，具有较好的通风和采光条件，便于维护和修复。

窑洞式民居的墙体是其结构安全的关键，为了加强墙体的稳定性和承重能力，古人采取了多种加固措施。例如，在墙体内部设置木柱或石柱，以增加其支撑力；在墙体表面覆盖石板或砖块，以增强其抗风化能力；在墙体与地面交接处设置基础石或地基，以防止墙体下沉或坍塌。

（3）空间布局与装饰设计

窑洞式民居巧妙地利用山体的走势和土层的厚度，依山而建，其空间形态主要受到地形和地质条件的深刻影响，不仅体现了人与自然和谐共生的理念，也彰显了人类智慧在适应自然环境中的卓越表现。它的构造和设计得益于其特殊的结构和材料选择，使其具有良好的保温隔热性能，冬季温暖如春，夏季凉爽宜人。此外，窑洞的建筑方式也节省了大量的建筑材料，降低了建筑成本，是一种既经济又实用的居住方式。

窑洞内部的空间布局非常注重功能分区，划分为居住区、储物区、厨房区等不同的功能区域，以满足不同生活需求。居住区，位于窑洞深处，远离外界干扰，环境安静舒适。这样的设计使得居住者能够享受到宁静的生活氛围，有利于休息和放松。厨房区是紧邻居住区，便于日常生活和就餐。厨房与居住区的紧密相连，使得家庭成员之间的交流和互动更加便捷，也便于食物的储存和准备。储物区，设置在窑洞内部较宽敞的位置，方便存储日常用品和农具。这样的布局使得储物区域既方便取用，又不影响其他功能区域的使用。

窑洞式民居的装饰与风格体现了浓郁的地域特色和文化底蕴。人们会在窑洞内部墙面和顶部绘制各种图案和纹样，如花鸟鱼虫、山水风景等，不仅增加了室内空间的艺术气息，也反映了当地人民对自然和生活的热爱与向往。同时，精美的装饰元素也体现了当地文化的独特性和历史传承。

（4）封闭性与防卫性

窑洞式民居以其独特的封闭性和防卫性而著称，其特点与其所处的自然环境、建筑材料以及社会文化背景密切相关。

封闭性主要体现在建筑形态和门窗设计上。在建筑形态上，窑洞多依山而建，利用山体本身的稳定性和土质的特性进行挖掘和构建，形成半地下或地下的居住空间。这种设计使得窑洞内部空间与外部自然环境相隔离，形成了一个相对封闭的生活空间，不仅有助于保持室内温度的稳定，减少外界气候对居住环境的直接影响，同时也增强了居住空间的私密性和安全性；在门窗设计上，窑洞的门窗通常较小，多为木质材料，且具有较好的保温性和耐用性，其设计不仅具有保温隔热的效果，有效阻挡风沙和寒冷空气的侵入，还增加了窑洞的安全性和防盗性。

防卫性主要体现在选址和建筑结构上。在选址上，窑洞多位于山体内部或山麓地带，这些地区地势险要、易守难攻，为居民提供了天然的防御屏障。在这样的地形条件下，外来入侵者难以接近窑洞，居民可以在相对安全的环境中生活；在建筑结构上，窑洞的墙体较厚，多采用当地的黏土和石块等材料进行建造，使得窑洞具有较好的抗震性和防火性，能够在自然灾害或人为破坏中保持相对稳定。同时，窑洞的门窗设计也充分考虑了安全性因素，门窗较小且多设有防盗设施，进一步增强了窑洞的防卫性。

在动荡的年代里，窑洞成为人们躲避战乱、保护生命财产的重要场所。这种独特的建筑形式不仅适应了自然环境和社会文化的需求，而且成为河洛地区传统文化和地域特色的重要体现。当这种建筑形式传到福建时，受到了当地自然环境和文化的影响，逐渐演变为了我们所熟知的土楼。

4.1.2　河洛民居的空间布局

河洛民居的空间形态特征十分丰富，其空间模式与形式折射出当地居民的生活方式、文化理念与美学趣味，这些民居通常采用独特的布局和设计，以适应当地的气候条件和社会习俗。可以从功能性、美观性以及文化性三个方面综合考虑，为河洛民居文化的研究提供依据。

1. 功能性

传统民居空间设计首先需要考虑的是功能性。河洛地区的民居建筑在功能划分上充分考虑了当地居民的生产和生活需求，形成了合理的空间布局。河洛地区的家庭结构深受传统影响，尤为注重家族观念，即合院建筑格局"前殿后室、中轴对称、左右偏房"，结构严谨有序，通过上房、两对厦、临街房等元素的巧妙组合，创造了一个既封闭又开放的空间体系，不仅象征着家族的繁荣和地位的尊贵，还通过明确的院落界限，展现了古人对个人空间和公共空间的严格划分。

建筑单体多采用规整的平面形式，并以中轴对称布局的合院式民居为典型代表。河洛民居大多是以院落为中心的，由主宅、偏房、耳房等构成的建筑群，这是我国传统院落式的营建模式，其平面布局与空间组织与中国古代建筑基本一致，在建造方法上既体现了"以物为法"的实用主义精神，又体现了"因地制宜"的传统营建观念。

2. 美观性

除了功能性外，美观性也是传统民居空间设计的重要考虑因素。河洛地区的民居在装饰风格上展现出了其独特的艺术魅力。门楼、檐口、窗棂等部位都雕刻有精美的图案和纹样，这些装饰不仅增加了建筑的艺术气息，还寓意吉祥、富贵和幸福。这些图案和纹样往往取材于自然、历史、神话和民间传说，通过细腻的雕刻技艺和生动的形象表达，传递出深厚的文化底蕴和人们对美好生活的向往。

门楼作为民居的入口，是展示建筑艺术的重要部位。河洛地区的门楼通常采用木材或石材建造，雕刻有精美的龙凤、花卉、云纹等图案，寓意吉祥如意、龙凤呈祥。檐口和窗棂也是民居装饰的重点部位，通过雕刻和彩绘等手法，展现出细腻的工艺和丰富的文化内涵。

此外，河洛民居在色彩运用上也独具特色。建筑主体通常采用素雅的色彩，如灰色、白色、土黄色等，与周围的自然环境相协调。而在装饰部分，则采用色彩鲜艳的红色、绿色和蓝色等进行对比和点缀，使整个建筑在色彩上更加丰富和生动。

3. 文化性

河洛居民对文化传承的深厚情感，不仅体现在日常生活中的传统习俗上，如拜祭祖先、传统节日庆祝等，也深刻影响了河洛民居的形制结构和建筑的外在特征。通过对河洛文化影响下的民居空间设计特征、布局与形制等进行研究，可以揭示河洛民居空间设计在不同文化背景下的多样性和丰富性，有助于我们更好地理解和欣赏传统民居建筑的美学价值，还能够为现代建筑设计提供灵感和借鉴。

河洛民居作为文化传统的物质载体，其设计理念和布局方式都深深植根于当地的历史与文化之中。设计理念深受"藏风聚气"的理念影响，采用合院式建筑格局，空间形式体现了对院落封闭性的追求，在院落两侧设置厢房，则扮演着分隔内外空间、提供日常生活、遮蔽与通风等多重角色。除了主体建筑外，一些辅助性建筑，如柴房、马厩等，为居民提供了必要的生活设施和保障，同时也丰富了整个院落的景观和功能。这种文化的传承深受古代等级制度和社会秩序的影响，体现了古人对秩序和美的追求。

4.1.3　河洛民居的平面形制

河洛民居建筑通常由门楼、正房、厢房、庭院和走廊等要素构成，根据其空间构成形式，主要可以划分为单进合院式民居、多进合院式民居和三进两跨院落等几大类。

1. 单进合院式民居

单进合院式民居作为河洛传统村落的最基本单元，确实以其独特的"一院一居"空间格局展现了传统生活的质朴与和谐。这种民居多采用"口""日""目"等布局方式，巧妙地形成了一进院落的基本型院落结构。院落的中心是一座正房，通常为三间，这是家庭的主要活动区域，用于居住、会客和家庭仪式的举行。正房通常位于中轴线上，两侧各有一座耳房，耳房通常作为储物间、厨房或家庭成员的卧室使用。如图4-1所示。

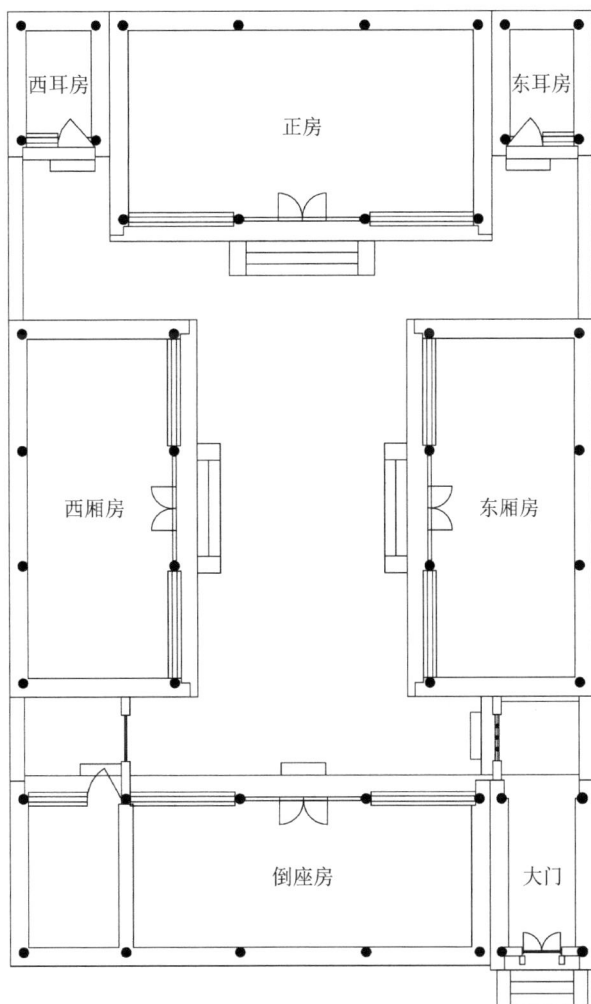

图4-1 单进式民居

正房的南面，两侧各设有三间东西厢房，与正房形成"品"字型的布局。它不仅保证了院落的采光和通风，还使得家庭成员在院落中的活动更加自由和便利。正对着正房的，则是一间朝南的三间屋子，称之为倒座房，它作为院落的入口区域，同时也是家庭与外界联系的纽带。这四面的房屋围合起来，就构成了一个四合院。四合院是在三合院的基础上增加了后罩房（即后墙），形成一个更为封闭的院落。其布局更为规整，空间划分更为明确，适合较大规模的家族居住。四合院通常设有垂花门、抄手游廊等建筑元素，增添了建筑的艺术性和文化内涵。

2. 多进合院式民居

多进合院式民居的平面布置形式通常为"品""田""网"等形状串联而成，即以单进合院式为基础，进一步发展形成了更为复杂的院落组合，它不仅满足了三代、四代或五世同堂的家庭聚居需求，还通过巧妙的布局和构造，展现了家庭的凝聚力和安全性，如图4-2所示。

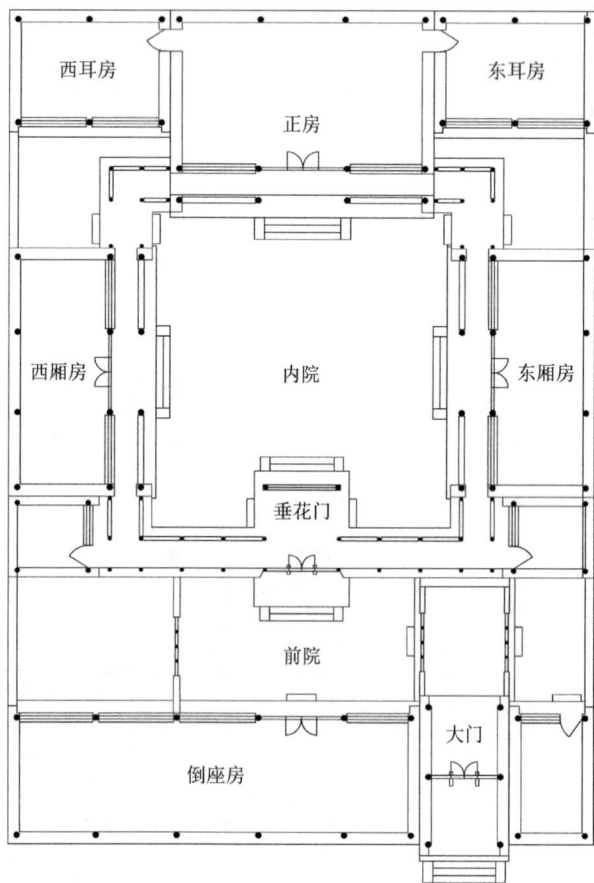

图4-2 多进式民居

多进合院式民居由两户、三户、四户或更多的单进合院式民居串联而成，每个小户、小院都相互独立，同时又通过院落的门楼向通廊开口，以及院落与院落之间的回廊连接，布局灵活多变，围合形成多个层次和功能的居住空间。在多进合院中，可以看到在一进院的基础上，通过纵向拓展形成新的院落，当单进合院从一进院扩建为二进时，会在东西厢房的南山墙之间加设障墙，将院子分成内外两部分，使得二进院落呈现出一种小型单进合院式的形态，占地面积虽然不大，但布局紧凑、功能齐全。

对于面积较广的二进庭院建筑，其建造规模和格局确实比较繁复和精巧。在二进庭院建筑中，北房作为主体建筑，有七间房屋。其中，正堂房占据中心位置，通常为三间，用于举行重要的家庭仪式和会客。在正堂房的前后两侧，则各有耳房两间，形成了"三正四耳"的基本布局。堂屋与厢房之间都建有回廊，这是一个非常精妙的设计。回廊通常由外廊和抄手游廊相互连接，构成了一个环形通道，其设置方式不但增加了房屋的视觉效果，也增加了住宅的安全性与便捷性。除多进合院的住宅之外，河洛一带还有前店后宅的传统民居、祠居合一式民居、祠堂民居等多种建筑形式。

3. 三进两跨院落

三进两跨院落作为一种更为复杂的民居形式，由三个单进院落组成，每个院落之间通过过厅或穿堂相连。同时，院落两侧还设有跨院或偏院，形成更为丰富的空间布局，这种民居形式通常用于大型庄园或府邸等建筑，其规模和气势都较为宏大。

首先在三进两跨院落的特点上，三进两跨院落的空间布局以纵深为主，横向为辅，形成了一种独特的空间层次感，这种布局方式使得整个院落既有纵向的深远感，又有横向的扩展感，空间层次丰富，显得既庄重又大气。而且，三进两跨院落的功能有明确的分区。正院作为中心区域，主要用于长辈的生活和居住，体现了对长辈的尊重。侧院则作为附属空间，用于其他功能，如待客、储藏等。这种功能分区既保证了生活的便利性，又体现了家族内部的等级秩序；正院作为核心区域，建筑规模较大，使用的材料和装饰也比较考究，体现了对长辈的尊重和对家族地位的彰显。侧院的建筑规模和装饰则相对简单一些，但也保持了与正院相协调的风格。

其次在三进两跨院落的意义上，三进两跨院落作为一种独特的民居形式，不仅为了满足居住的需求，更是为了彰显主人的社会地位和财富实力；其布局和功能分区，如正院与侧院的区分、正房与厢房的差异等方面都体现了传统礼仪和等级观念。这种等级秩序不

仅仅体现在建筑上，更体现在家族成员之间的行为规范和道德准则
上；三进两跨院落作为河洛传统民居建筑的杰出代表，其独特的空
间布局、精美的装饰和丰富的文化内涵都体现了我国传统建筑美学
的高超水平，具有很高的艺术价值和文化价值，如图 4-3 所示。

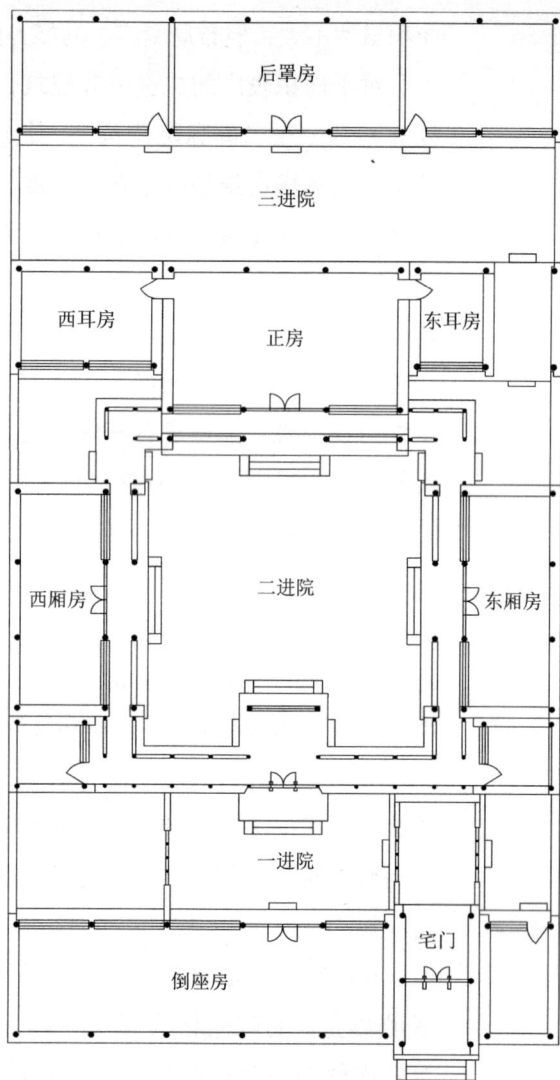

图 4-3　三进两跨院落

此外，"布袋院"作为典型的三进院落形式，其独特的三重院
落设计不仅体现了建筑的深邃和层次感，更体现了我国传统文化的
深厚底蕴。这种建筑形式将传统文化与现代生活相结合，使得人们
在享受现代生活便利的同时，也能感受到传统文化的魅力和精神
内涵。

4.2　民居建筑与庭院体系构建

河洛民居主要由建筑空间和院落空间两大核心部分构成，这两部分相互依存，共同营造出一个既实用又充满生活气息的居住环境。院落空间是河洛民居的一大特色，它通常由多个建筑体围合而成，形成了一个相对封闭但又不失通透性的空间。

4.2.1　民居院落的演变进程

河洛民居的历史悠久，从旧石器时代发展到近代明清，近千年的文脉积淀使其成为我国传统民居建筑史上最为突出的代表之一。无论是原始社会的半坡遗址中展现的居住模式，还是近代的合院建筑，都体现了河洛地区传统民居的独特魅力和深厚底蕴。河洛地区传统民居以其独特的庭院设计、室内外空间的相互渗透以及悠久的历史文脉，展现了我国传统民居建筑的独特魅力和地方特色。河洛民居院落的演变进程可以大致分为以下几个阶段：

1. 早期发展阶段

河洛民居的院落形式最早可追溯到新石器时代，它历经了原始社会时期的仰韶文化等阶段，逐渐形成了独特的民居建筑风格和院落布局。那时的居民开始采用简单的居住结构，逐渐形成了基本的院落布局。

在早期，河洛地区的先民们主要生活在天然岩洞中，这些岩洞为他们提供了遮风避雨的基本居住场所。随着农业和畜牧业的兴起，人们开始形成固定的聚落点，生活逐渐依附于自然环境。在这一阶段，民居建筑从穴居逐渐发展到半地穴居，再到地面建筑，并开始对建筑内部空间进行分割。根据历史考古发现，早期村落已经具备了初步的规划布局，形式较为简单，规模较小，但已经具备了基本的居住和生活功能。

2. 中古时期的发展

在奴隶社会时期，私有制生产的兴起导致了聚落内部等级地位差异的出现，进而引发了阶级分化，最终催生了夏、商、周等历史朝代。夏、商、周三代至唐宋时期，是河洛民居院落发展的重要阶段。随着社会的向前进步，传统的石、骨等原始材料逐渐过渡到了金属材料的生产工具，极大地提高了劳动生产力。这一时期的民居建筑形式也经历了显著的变革。

在夏、商时期，北方地区的民居建筑形式已经由半穴居式向地面建筑形式发展。夯土技术的推广和应用，使得建筑逐渐脱离了地下或半地下的状态，出现了较高级别带有台基的地上建筑。这些建筑已经有了柱网系统，并且室内空间的分割现象十分普遍，显示出建筑技术和社会生活水平的提高。四合院作为河洛民居的典型代表，在这一时期开始广泛出现。四合院以其严谨的结构、精美的装饰和独特的文化内涵，成为河洛民居的代表。

到了西周、春秋时期，院落建筑群已经大规模出现，这一时期的民居院落开始形成较为稳定的风格，院落布局逐渐规范化，建筑技艺也得到了显著提升。其中，位于河洛地区的西周洛邑王城遗址是这一时期的代表性建筑之一。遗址建造于西周时期，虽然其建筑规模并不宏大，但建筑形制结构相对完整。它以影壁、门、庭院、前堂、廊道及后室为中轴线，两侧布置着厢房，并有环廊围绕四周。这种布局形式不仅体现了当时的建筑美学，也反映了当时社会的等级制度和礼仪规范。

3. 明清时期的繁荣

明清两代，随着私有制的确立和农业生产的发展，家族成员逐渐增多，需要更大的居住空间来满足生活需求。因此，民居建筑迅速发展，院落规模需求逐渐扩大，不仅提供了足够的居住空间，也体现了家族实力和地位的提升。建筑形式、营造技术和质量都达到了一个新的高度，河洛民居院落发展达到了鼎盛时期。

同时，院落布局的合理化也反映了当时人们对居住环境和生活质量的追求。在扩大规模的同时，人们开始注重院落的功能分区和景观布局。他们精心设计院落的每一个角落，使之既符合居住需求，又充满生活情趣。例如，他们会将院落划分为前院、中院和后院等不同的区域，每个区域都有其特定的功能和景观布置。前院通常用于接待客人和举行仪式，中院是家族成员日常活动的主要场所，后院则用于种植花草和养殖家禽等。可以看出，院落规模逐渐扩大，布局更加合理，形成了较为完整的民居院落体系。

在院落建筑技术和材料方面，建筑技艺得到了极大的发展，砖石、木雕、彩绘等工艺广泛应用于民居建筑中，使得河洛民居的建筑艺术达到了新的高度。同时，人们还开始注重建筑材料的选择和加工，使得建筑外观更加美观、坚固耐用。这些技术的运用和材料的创新不仅推动了民居建筑的发展，也为后来的建筑艺术提供了宝贵的经验和启示。河洛民居在明清时期不仅注重实用性，而且更加注重文化内涵的表达。通过精美的装饰和独特的建筑风格，展现了河洛文化的独特魅力。

4. 近现代的变迁

近现代以来，河洛民居院落面临着社会变迁和城市化进程加速带来的双重影响，这些变化为它们既带来了挑战，也带来了机遇。在挑战方面，随着城市化的快速发展，许多传统的河洛民居院落被现代化的高楼大厦所包围，其原有的历史和文化环境受到冲击。而且，农村人口一直向城市、发达地区迁移，一些传统的河洛民居院落因缺乏维护而逐渐荒废，甚至面临拆除的命运。

在机遇方面，随着人们对文化遗产保护的重视，越来越多的河洛民居院落得到了保护和修复，这不仅是对历史的尊重，也是对传统文化的传承。洛阳作为全国展示河洛文化的重要窗口，一些修复后的传统古民居院落成为旅游景点，吸引了大量游客前来参观。这不仅为洛阳带来了经济效益，也提高了河洛文化的知名度。此外，在城市化进程中，一些新的民居建筑开始融入传统元素，形成了新的民居院落风格，不仅保留了传统民居的特色，也适应了现代生活的需求。

加强文化保护意识、发展旅游业以及新民居建筑的融合等方式，使得这些传统民居院落得以在现代社会中焕发新的生机。

4.2.2　院落结构和功能分析

在院落空间内部，各个建筑体相互关联，形成了一个完整的交通网络，不仅保证了通行的便利，也使得居民能够方便地到达院落的各个角落。同时，院落空间还为居民提供了丰富的社交场所，无论是家庭聚餐、邻里交流还是节日庆典，都可以在这里得到充分的展现。以下对河洛民居院落结构和功能特点的分析。

1. 结构特点

河洛地区的民居平面布局多呈规则的矩形，这一特点深受当地农耕文化和传统哲学观念的影响。当地民众坚信方形庭院与古代的东西南北方位和四季变化紧密相连，这种观念深刻影响了他们的居住空间规划。

首先，方形庭院的设计体现了对自然规律和宇宙秩序的尊重。在我国传统文化中，天圆地方是宇宙的基本形态，方形庭院作为地面空间的代表，与天空形成了天地相应的关系。同时，方形庭院也象征着古代的四象（青龙、白虎、朱雀、玄武）的四个方向，与民居院落中的空间布局相呼应。

其次，方形庭院的设计也反映了农耕文化对生产活动的重视。在农业社会中，四季的变化和方位的识别对于农作物的种植和收获至关重要。当地居民认为，如果院子的形状不规则，就意味着"四方不辨、四季不明"，这将对农业生产造成不利影响。因此，他们倾向于选择规则的矩形作为民居院落的形状，以确保家庭生活的和谐稳定以及农业生产的顺利进行。

再次，方正的院落形状也与河洛地区的地理环境紧密相连。该地区地势平坦，土地广阔，为方形院落的构建提供了得天独厚的条件。方正的院落形状能够最大限度地利用土地资源，同时也便于排水和通风。

最后，方形庭院的设计还具有实用性和美观性。从实用性的角度来看，矩形院落便于建筑材料的运输和施工，同时也方便家庭成员在院落中的活动和交流。从美观性的角度来看，矩形院落能够营造出一种庄重、对称的美感，符合我国传统建筑的美学观念。例如，合院式民居以轴为中心、对称布置，方正规矩，每一座庭院都有明确的等级划分，错落有致，严密地将建筑内外区分开来。这种布局方式符合中国人追求和谐、对称的审美观念。

2. 功能特点

（1）居住功能

民居的首要功能是居住。河洛民居其独特的院落设计，通过规则的矩形布局，不仅为家庭成员提供了宽敞舒适的居住空间，还巧妙地保证了居住的私密性和安全性。在保障居住空间的同时，河洛民居也充分考虑到了居住的私密性和安全性。通过院落的围合式设计，以及房间之间的合理布局，有效地隔绝了外界的干扰和窥视，使得家庭成员在享受舒适居住的同时，也能感受到家的温馨与安全。

在河洛民居中，每个房间都有着明确的用途。上房作为家中最重要的居住空间，通常是长辈的居住处，体现了对长辈的尊重与关爱。而厦子房和门房则供晚辈居住或作为其他用途，如书房、储物间等，满足了家庭成员多样化的居住需求。

（2）交通功能

民居庭院是连接室内与室外的重要桥梁，不仅是居民日常活动的中心，还是与外部世界交流的窗口。庭院的这种连接性，使得室内空间得以向外延伸，同时也为室内空间带来了自然的光线和空气，增加了居住的舒适度。在大型民宅中，庭院不仅是居民日常生活的中心，还是各个功能区域的交通枢纽。无论是前往卧室、书房、厨房还是其他房间，都需要经过庭院，使得各个房间之间的联系更加紧密，便于居民之间的交流与互动。

庭院内部的道路布局往往与房屋结构、地形地貌等因素相协调，形成了独具特色的庭院景观。道路两旁的绿植、花卉、假山、水池等景观元素，不仅美化了庭院环境，还为居民提供了休闲娱乐的好去处。合理的交通布局可以使得院落空间更加开阔、通透，增加空间的流动性和连续性。而且，交通路径的多样性和趣味性也可以提高院落空间的利用率和居民的居住体验。

（3）社交功能

民居庭院作为家族内部的社交中心，是家庭成员集聚的场所。常用于家庭聚会和节日庆祝，如春节、中秋等传统节日，家庭成员会在庭院中举行各种庆祝活动，共同分享欢乐时光。这种庭院社交活动的举办，不仅传承和弘扬了家族文化，也增强了家族成员的文化认同感和归属感，强化了家族成员之间的关系。同时，庭院也是邻里之间日常互动和互助的重要空间，居民可以在庭院中相互问候、聊天，分享生活琐事，也可以通过庭院互相帮助，解决生活中的问题。这种邻里间的交流与互助，加强了邻里间的联系，营造了和谐的社区氛围。

庭院作为室内外空间的过渡地带，为文人雅士提供了吟诗作画、品茶论道的场所。在这里，他们可以抒发情感、交流思想，体现了中国古代的文化生活。庭院也常作为戏曲表演的舞台，如舞龙舞狮、戏曲表演等，吸引了众多居民前来观赏，进一步丰富了居民的文化生活，增进了居民对传统文化的了解和认同。

（4）防御功能

合院式民居的封闭性设计可以有效地抵御外部侵扰。高墙围合的院落使得民居内部空间与外部空间相隔离，从而减少了外部侵扰的可能性。即使发生外部侵扰，民居的高墙也能为居民提供一定的保护，使得他们有更多的时间应对和寻求帮助。同时，在院落的入口通常设有门楼或照壁等建筑，这些建筑不仅具有装饰和美化作用，也可以增加了民居的防御层次。门楼和照壁可以遮挡视线，使得外部难以窥视民居内部的情况。门楼和照壁也可以作为防御设施，增加民居的防御能力和效果。

此外，合院式民居的封闭性设计和防御功能，为家庭成员提供了一个相对安全的生活环境。在封闭性较强的民居中,家庭成员可以更加安心地生活和工作,不必过多担心外部侵扰的威胁。

（5）生态辅助功能

河洛民居在建造时也考虑了生态因素。通过合理的植被布置和水源利用,院落内部形成了良好的生态环境,不仅美化了居住环境,也为家庭成员提供了舒适的生活空间。而且,院落还承载着许多日常生活的辅助功能。这些功能主要体现在院落的后部空间,用于家畜饲养、饲料粮食储存以及厕所安置等。这些空间的布置相对自由,既具有一定的私密性,又与传统院落的构成因素相互影响。例如,专门的储物间或储物柜可以存放家庭日常用品、农具等杂物,使室内空间更加整洁有序;洗衣晾晒区域可以方便居民处理家务;园艺种植则可以丰富居民的精神生活。

庭院作为一个开放式的空间,可以方便地进行布局和改造,以适应不同的辅助功能需求。例如,根据季节的变化和居民的实际需求,可以灵活调整庭院中的植物配置和建筑布局,以满足遮阴、通风、采光等需求。

综上所述,河洛地区传统民居的院落空间确实在功能上展现出多样化的特点,不仅满足了人们的日常生活需求,如居住、社交、储存等,更以其独特的设计理念和手法,深刻体现了地域文化的独特魅力。这种将实用性与审美性、传统与现代相融合的设计哲学,值得我们深入研究和借鉴。

4.2.3　民居建筑的设计原则

河洛民居的建筑与院落作为人们生活的核心空间,无疑扮演着至关重要的角色。在设计民居建筑与院落时,我们必须遵循一定的设计原则,以确保在满足现代生活需求的同时,能够充分体现地域特色和文化内涵。

1. 功能性原则

在民居建筑与院落的设计中,功能性是首要的原则。设计时必须紧密围绕居住者的实际需求和生活习惯,确保空间布局合理,以满足居住等多种生活需求。例如,长三间、长五间和长七间的正房设计,可以根据家庭成员的数量和需求进行灵活调整。河洛民居常采用主屋与辅屋相结合的形式,形成围合的院落布局,这既保证了内部空间的私密性,又促进了空气的流通和光线的进入。堂屋和卧室等功能区域的划分,应充分考虑家庭成员的日常生活习惯,确保每个区域都能得到充分利用。同时，民居内部的功能区域划分应清晰明确，人流、物流等流线设计注重顺畅性，避免居住者在日常生活中产生不必要的阻碍和困扰。

院落空间作为民居建筑的延伸，其规划同样重要。种植区、休闲区和娱乐区等功能区域的合理规划，可以使院落空间既实用又美观。例如，种植区可以种植一些当地特色的植物，增加院落的美观度；休闲区可以设置一些座椅和遮阳设施，供居住者休息和娱乐；娱乐区则可以放置一些运动器材或游戏设施，满足居住者的娱乐需求。

此外，在民居建筑与院落的设计中，还应注重整体协调与和谐宜居的原则。合理的规划和布局，使建筑与周围环境相协调，营造出和谐宜居的居住环境。例如，在康百万庄园的建筑布局中，就体现了严谨而有序的设计理念。整体布局遵循传统的中轴线对称原则，主要建筑沿中轴线依次排列，形成了层次分明、错落有致的建筑群。这种布局不仅体现了古代建筑的庄重与典雅，也展现了现代设计的简洁与大气。

2. 地域性原则

地域性原则强调融入当地的历史、文化、气候等因素，旨在体现地域特色，增强建筑的辨识度和归属感，进而促进地域文化的传承与发展。在设计中也占据着举足轻重的地位。

首先，河洛民居建筑在设计上特别注重与自然环境的和谐共生。它们常依山傍水，选址上遵循"枕山、环水、面屏、向阳"的原则，这种布局方式不仅确保了建筑的舒适性和安全性，也充分展现了古人对自然环境的尊重与敬畏。建筑布局上，古人会采用错层、掉层等形式，以最大限度地减少对地形的破坏，并巧妙地适应地形变化，从而营造出与自然环境融为一体的居住空间。

其次，气候条件对民居建筑的设计也有着深远的影响。不同的气候条件要求建筑在保温、隔热、通风等方面做出不同的设计选择。例如，在河洛地区，由于冬季寒冷、夏季炎热，建筑多采用厚墙小窗的设计，以减少热量损失和传递，确保室内温度的稳定性。

地域性原则不仅体现了对自然环境的尊重，更是对地域文化特色的传承与发扬。各地民居建筑在材料、色彩、装饰等方面都体现了浓郁的地域文化特色。这些特色元素不仅让建筑更具辨识度和归属感，也为地域文化的传承提供了重要的载体。

3. 生态性原则

河洛民居通常采用木结构或土木结构，这种结构形式不仅展现了独特的建筑风格和装饰艺术，更重要的是强调了与自然环境的和谐统一。这些建筑在设计和建造过程中，秉承了"天人合一"的生态观，在尊重自然的前提下，建造时注重认识自然的基本规律，并灵活运用自然地势和资源，使建筑与自然环境达到有机统一。

在河洛民居设计中，因地制宜的理念得到了充分体现。古人综合考虑地理、气候、景观等自然条件，以保护自然环境为前提，巧妙地将人工环境与自然环境相融合。例如，在选址上，古人会遵循"枕山、环水、面屏、向阳"的原则，以确保建筑的舒适性和安全性；在布局上，他们会根据地形变化，采用错层等形式，以减少对地形的破坏，并适应地形变化。在民居建筑的院落设计同样体现了"天人合一"的生态观。通过精心的布局，古人将自然环境与建筑物有机融合，营造出一种和谐、平衡与自然的氛围。院落和庭院的布局通常采用前后错落的方式，形成层层深入的空间，展现了古人对自然环境的深刻理解和尊重。

4. 安全性原则

河洛民居建筑在安全性原则上极为重视，这主要体现在其结构设计、选址、建造过程以及安全设施与防御设计等多个方面。

首先，河洛民居在结构上采用木构架，这种结构不仅增强了建筑的稳定性和抗震性，还体现了对自然环境的尊重和顺应。木构架结构利用木材的柔韧性和韧性，使建筑在地震等自然灾害中能够保持较好的稳定性，减少损害。而且，结构稳固也是其安全性的重要保障。人们通过长期实践，总结出了许多确保建筑稳固的经验和方法，他们采用木材、石材等优质建材，注重基础工程和承重结构的施工质量，使建筑具有更强的承载能力和稳定性。同时，榫卯结构等连接方式也增强了建筑的整体稳定性，使建筑在遭受外力作用时不易倒塌；其次，在选址和建造过程中，河洛民居充分考虑了地质和水文条件，一般会选择地势较高、排水良好的地点建造住所，以避免地质不稳定或水患导致的建筑损害。这种选址的智慧不仅体现了对自然环境的深入了解，也确保了居住者的生命和财产安全。

再次，在安全设施与防御设计上，河洛民居同样有着丰富的实践。高大的院墙和坚固的门户不仅起到了保护隐私的作用，更是家庭安全的重要保障。暗道、密室等隐藏空间的设计则体现了古人对安全的细致考虑，这些空间在遭遇外部威胁时可以作为藏身之所，确保居住者的安全。

最后,民居的布局防御也是安全性的重要体现。人们通过合理的规划使居住空间与防御空间相互融合,大门设在民居的侧面或背面,形成"藏风聚气"的格局,既符合风水学的要求,又增强了民居的隐蔽性和安全性。在院落中设置影壁、照壁等障碍物,可以阻挡外界视线和攻击,为居住者提供更安全的生活环境。屋顶设置的暗道、暗门等逃生通道也为居住者在遭遇火灾等紧急情况时提供了安全的逃生路径。

综上,河洛民居建筑与院落的设计原则涵盖了功能性、地域性、生态性和安全性等多个方面,这些原则相互关联、相互促进,共同构成了古代民居建筑与院落设计的整体框架。这些设计原则不仅展现了古人对自然环境和社会文化的深刻理解,也为当代建筑设计提供了宝贵的启示。在追求现代化和高速发展的今天,我们更应当从古代民居建筑中汲取智慧,重视建筑与环境、文化的和谐统一。通过融入地域特色,尊重自然环境,强化安全性和功能性,我们可以创造出既符合现代人生活需求,又充满文化底蕴的建筑作品。

4.3 民居内部空间设计要素

河洛民居由正房、厢房、门房和入口等附属空间组成,它们沿着纵向排列,层层递进,形成了一种和谐而有序的空间布局。

4.3.1 "门房"设计

1. "门房"的含义和位置

在河洛地区的传统民居院落中,"倒坐房"通常被称为"门房"或"街房",它在民居建筑中扮演着多重关键角色。

首先,门房是民居的第一道守卫线,肩负着保护家庭安全、防止外来侵害的重要职责,不仅是民居的门户,还是管理和防卫的核心,确保家庭成员的安宁与和谐;其次,门房也是社会交流与文化传承的重要场所,作为院落的第一道门槛,门房象征着家族的地位和声望。通过门楼,家族成员与外界保持着密切的联系,是邻里交流和社会活动的中心。在门房内,人们可以进行各种社交活动,如迎客、会友、议事等,这些活动不仅加强了家族成员之间的联系,也促进了社区文化的传承与发展。

门房的位置通常位于宅院的东南角,传统理论认为东南角是吉利的方位，能够吸引吉祥的气息并阻挡不利的能量。因此，将门房设在此处，不仅有利于家族的繁荣与发展，还能为家庭成员带来好运和福气。

2."门房"的平面设计

在门房的平面位置布局上，一种常见的做法是在临街面中间作为门房，多见于官宦人家，显示出家族的尊贵与威严。而普通民居的朝向则是坐北朝南，东边为"上"，左边设置门房，这种布局形式受到礼制观念的影响，旨在确保充足的日照和良好的视野。

门房的设计还充分考虑了宅院内外环境的和谐与平衡。在宅前，应有环抱水，象征着财富汇聚和源源不断的好运。这种设计既增加了院落的观赏性，也寓意家族财源广进、兴旺发达。而在后院，则需要保持干燥和整洁，以防潮湿带来的不适和疾病，这种布局有利于保持宅院内部的清洁和卫生。

而且，门房可以设计成单独的门楼形式，既有一层的简单结构，也有复杂的阁楼形式，用以存放物品。临街的门房立面往往简朴大方，常采用高窗和花窗设计，既保证了采光和通风，又增加了建筑的美感。有些门房则遵循"财不外露"的原则，建筑不开窗，门边的装饰主要集中在大门周围以及山墙墀头处，显得尤为精致。

3."门房"的功能与影响

门房的功能多样，除了作为通道的基本作用外，还可用作存放食物和杂物等实用空间。在河洛民居中，常见的布局是在大门内侧或大门直对厦子房山墙前设置精美的神龛，以祈求家庭平安和家宅安宁，体现了古人对家庭和谐与安宁的祈求与重视。门房的设计需要与整体建筑保持协调，在风格、色彩和材质等方面，形成和谐统一的整体效果，同时在高度、宽度和深度等尺寸上应合理搭配，以营造舒适的空间感受。这种设计原则不仅体现了古人的建筑智慧，也反映了他们对建筑美学的追求。

此外，门房的设计还反映了当时社会文化和等级制度的影响。不同家庭成员的居住区域往往有明显的区分，长辈通常居住在更宽敞、更高大的正房，而晚辈则可能居住在较为简朴的厢房。这种布局体现了古人对家庭等级和秩序的尊重与维持。同时，在材料和构造上，门房的外墙大多采用土坯墙，外包青砖或青砖勒脚土坯墙等形式，墙体砌筑至檐枋下皮，使整个建筑呈现出一种庄严、古朴、低调的风格，不仅体现了河洛地区的建筑特色，也反映了当地人对传统文化的尊重和传承（图4-4）。

图 4-4　卫坡村门房

4.3.2　"厅房"设计

1. "厅房"的含义

厅房作为河洛民居中的核心空间，其定义远超过了一般的起居场所。它不仅是家族成员日常活动的中心，更是家族文化、精神传承的载体。厅房通常位于民居的中轴线上，前后开门，与庭院相连，形成一个开放而又不失私密的空间。承担着家庭成员休憩、聚会和休闲等活动的功能，也是家族成员之间的感情沟通与文化传承的枢纽。

2. "厅房"的设计

河洛民居的厅房在风格上体现出一种庄重而又不失典雅的特点。其设计注重空间的开敞性和通透性，通过巧妙的空间布局和建筑元素的运用，营造出一种既大气又舒适的居住环境。厅房的空间尺度通常较大，能够容纳较多的家族成员和客人，同时也为举办各种活动提供了足够的空间。在大型多进式院落中，一般会设有两个厅房，分别是"过厅"和"退厅"，它们通过穿堂院相连，形成交通枢纽。穿堂院的一侧或两侧设有墙门，与别的院子相连，使得整个住宅空间更加灵活多变。

在细节处理上，厅房也展现出独特的风格。例如，家具的摆放、空间的划分以及装饰的选择都蕴含深刻的文化和哲学内涵。屏风、书画、对联等不仅是实用的物品，更是展现主人品味和修养的象征。同时，古代厅房空间的布局设计也强调与自然的和谐共生，通过引入自然元素如庭院、窗户等，实现室内外的互动和连通，使居住空间与自然环境达到和谐统一。

3.“厅房”的作用

在大型多进式院落中，厅房不仅是连接前后院落的交通枢纽，还是家族进行社交活动和礼仪活动的重要场所。当有客人来访或举行重要活动时，厅房成为展示家族风貌和待客之道的关键空间。

太师壁作为厅房的重要组成部分，其设计和装饰都体现了主人的品味和修养。太师壁上的书画、匾额等文化元素，不仅增添了厅房的文化氛围，也体现了家族的文化传统和价值观。太师壁后面是过道，当需要举行重要活动或庆祝活动时，可以将木制大门拆卸，增加进出的空间，使得厅房的空间更加灵活多变。这种设计不仅体现了古代建筑师的巧思妙想，也展示了古代家族对于礼仪和社交活动的重视。在太师壁下方的木制茶几和椅子上，常常摆放着钟表、瓷器、花瓶等工艺品。这些工艺品不仅具有实用价值，更是主人品味和修养的象征。它们与厅房内的其他元素相互映衬，共同营造出一个庄重而又不失温馨的氛围。

综上，厅房不仅是一个居住空间，更是一个集起居、情感沟通、文化传承、社交礼仪和交通枢纽于一体的多功能场所。通过精心设计和布置厅房内的各个元素，河洛民居展现出了其独特的建筑魅力和文化内涵。

4.3.3　“正房”和“厢房”设计

在河洛地区的传统民居中，正房占据着举足轻重的地位。通过实地调研，发现大多数正房位于住宅轴线上，朝向最佳、地势最高处，不仅承载着户主的起居、待客、洗漱等功能，更是整个住宅空间布局的中心与重心。

1.“正房”设计

（1）“正房”的含义

正房，作为建筑的主体，家族的核心空间，其名称也多种多样，如“里屋”或“上房”，体现了河洛地区深厚的等级观念。正房坐北朝南，不仅是因为这样的朝向能带来充足的阳光，更是因为在我国传统文化中，南方代表着尊贵和光明。

（2）“正房”的空间布局

正房的空间布局严谨有序，通常遵循“前堂后寝”的原则。前堂是接待客人、举行家族重要活动的场所，空间开阔，家具陈设典雅大方。后寝则是主人及家族成员的起居空间，设有卧室、书房等私密空间，布局紧凑而实用。在正房的两侧，通常还设有厢房，用于晚辈居住或作为其他辅助用房。从高度、深度和面积上来看，正房都要比其他房子规模大，这种规模上的差异也直接反映了家族内部的等级制度。

（3）"正房"的功能

正房内部的功能布局和装饰艺术，更是家族文化和社会传统的直接体现。其中，正房的明间，也被称为"正堂"，是整个正房的核心空间。在周朝时期，由于规定平民不能修建庙宇祭拜祖先，一般百姓都会把正房的明间作为堂屋来祭拜。这种"庶人祭于寝"的传统，至今仍在河洛地区的民居中得以保留。正房的明间不仅用于祭拜，也是招待客人、举行庆典的重要场所。装饰也十分讲究，从家具的摆放、墙面的装饰到灯光的布置，都体现了主人对于家族荣誉和传统的重视。而暗间则作为卧室使用，其布局相对简单，但同样不失精致。

此外，河洛民居多采用"一明两暗"的格局，即一个明间和两个暗间。这种格局不仅保证了空间的合理利用，也体现了古人对于居住环境的深刻理解和智慧。如果没有厅房，正房的明间就会承担起更多的社交和祭祀功能。

2."厢房"设计

（1）"厢房"的含义

在河洛民居中，"两厢"指的是位于东西两侧的厢房，它们通常沿着中轴线对称排列，与正房形成呼应。厢房不仅是家族中晚辈的居住场所，其设计也深受我国传统文化和哲学思想的影响，尤其是儒家文化和道家文化中的"天人合一"思想。

（2）"厢房"的空间布局

在空间布局方面，厢房的设计注重对称与和谐。正房居中，厢房分列两侧，形成错落有致的建筑群体。这种布局不仅使建筑外观更具美感，还体现了古代社会的秩序和等级观念。此外，厢房的空间设计还体现了对自然环境的尊重和利用，通过合理的采光和通风设计，厢房为居住者提供了舒适的生活环境。同时，借助门窗的开合和廊道的延伸，厢房与庭院、花园等自然景观相互融合，营造出一种自然与人文和谐共生的美好意境。

厢房的建筑结构形式与正房大体一致，同样采用"一明两暗"的布局。这种设计旨在创造一个和谐、平衡的生活环境，满足家庭成员的不同需求。在厢房的空间规划中，常将偏南侧的一间进行功能划分，东厢房通常作为厨房或餐厅，而西厢房则用作厕所，这样的布局使得居住空间更为合理和便捷。

（3）"厢房"的功能与内涵

按照河洛文化传统观念中的尊卑有序原则，东厢房往往由长子居住，这体现了长子在家族中的尊贵地位。而西厢房则由次子居住，反映了古代家庭结构中的等级差异。这种居住安排不仅体现了家族内部的秩序，也体现了对家族成员身份的尊重。而且，在厢房的建筑设计上，屋顶的高度通常低于正房，规模和装饰也相对简约，也是为了凸显主屋的主体地位和等级观念。

厢房不仅是家族成员的居住空间，也是家族文化的重要载体。在厢房中，家族成员会共同进行各种活动，如祭祀、议事、聚会等，因此，厢房内部空间灵活多变，以居住为主，同时也可兼顾存储功能，展现出其综合性和实用性。各种活动不仅加强了家族成员之间的联系和感情，也传承了家族的文化和传统。同时，厢房的位置和朝向往往追求居住环境的和谐与平衡。例如，厢房的朝向通常与正房保持一致或形成互补关系，以增强整个住宅的气场。

4.3.4　辅助空间设计

河洛民居中的辅助空间设计主要包括厨房、储藏室、厕所等，为居住者提供了日常生活所需的各种功能。

1. 辅助空间的类型与功能

（1）厨房

厨房作为河洛民居中的核心辅助空间，其设计和布局都体现了河洛地区特有的居住智慧和文化特色。在河洛民居中，厨房通常位于院落的一角或与其他辅助空间相连，这样不仅便于日常烹饪活动的进行，也考虑了通风和排烟的需求。

厨房的设计注重通风和排烟，这是为了确保烹饪时的舒适和安全。在古代，烹饪时产生的油烟不仅会影响烹饪者的健康，还可能对居住环境造成污染，因此，厨房的通风和排烟问题尤为重要，厨房通常会设置天窗或高窗，以利用自然风力进行通风换气。有的厨房内也会安装烟囱或排烟管道，将烹饪产生的油烟排出室外。除了通风和排烟之外，厨房的设计还考虑了储物和操作的便利性。厨房内通常会设置橱柜、灶台等储物和操作空间，以便居民能够方便地存放食材、炊具等物品，并顺利进行烹饪活动。此外，厨房的地面和墙面也会采用易于清洁的材料，以方便日常清洁和维护。

（2）储藏室

河洛民居中的储藏室也是一个重要的辅助空间，专门用于存放粮食、杂物等物品。其设计不仅体现了河洛地区人民对物品存放的实用性需求，也充分展现了他们对生活细节的精致追求。储藏室的位置通常被精心选择，一般靠近厨房或便于取用的地方。这样极大地方便了居民在烹饪或日常生活中随时取用所需物品，提高了生活的便捷性。同时，靠近厨房的储藏室也有利于食物的保存和取用，确保食材的新鲜度和烹饪的顺利进行。

在储藏室的设计上，防潮和防虫是两个核心的功能需求。由于河洛地区的气候特点，潮湿和虫害是常见的问题，因此储藏室的设计必须充分考虑这些因素。防潮设计通常包括选择防潮性能好的建筑材料、设置通风口等措施，以确保储藏室内的空气流通和干燥。防虫设计则可能包括使用防虫材料、设置防虫网等，以防止害虫对物品的侵蚀和破坏。此外，储藏室的设计还会考虑分类存放、易于清洁等需求，通过合理的分区和布局，可以方便地将不同种类的物品分类存放，提高空间利用率和物品取用的效率。

（3）厕所

传统的河洛合院通常设有旱厕，作为满足排泄需求的主要场所，是必不可少的辅助空间。旱厕的位置通常选择在院落的一角或与其他辅助空间相连，这样的布局旨在兼顾使用的便捷性和减少对居住环境的影响，这样的设计使得厕所既不会过于显眼影响整体美观，又便于居民日常使用。

厕所的设计简单实用，主要包括蹲坑、通风口和简单的遮挡设施。蹲坑是排泄的主要场所，其设计考虑了人体工程学的原理，使得居民在使用时能够感到舒适。通风口的设置是为了保持厕所内的空气流通，减少异味和潮湿，提高使用的舒适度，简单的遮挡设施则保护了居民的隐私，体现了对私密性的尊重。现代河洛民居在设计中更注重卫生和环保，将厕所纳入室内空间并配备现代卫生设施。

（4）养殖场

河洛民居中的养殖场所是居民日常生活中不可或缺的一部分，它们主要包括牛栏、猪圈、鸡棚等，用于饲养家畜和家禽。这些养殖场所的设计巧妙而实用，不仅保证了食材的新鲜和品质，还体现了河洛地区人民对自给自足生活方式的追求。

养殖场所一般位于院落的一侧或后方，与居住区相对隔离。这样的布局既保证了家畜和家禽有充足的饲养空间，又避免了它们产生的噪声和气味对居民生活造成干扰。同时，相对独立的养殖区域也有利于对家畜和家禽进行管理和照料，提高了饲养效率。而且在设计上，养殖场所充分考虑了家畜和家禽的生活习性。例如，牛栏和猪圈通常设有宽敞的饲养空间和舒适的休息区，以满足家畜的基本生活需求；鸡棚则设计了合理的通风和采光设施，以保证家禽的健康和生长。此外，这些养殖场所还配备了必要的饲料储存和饮水设施，为家畜和家禽提供了良好的饲养环境和条件。

（5）菜园

菜园内种植的农产品和水果丰富多样，多种蔬菜应有尽有，为居民提供了新鲜、绿色的食材。菜园的设计充分考虑了实用性和美观性。在实用性方面，菜园的布局合理，种植的品种多样，既保证了蔬菜的四季供应，又满足了居民对水果的需求。同时，菜园内的灌溉和排水系统也得到了精心的设计和规划，确保植物能够得到充足的水分和养分。在美观性方面，菜园与院落的建筑风格相协调，植物的选择和搭配也充分考虑了色彩的搭配和季节的变化，使得整个院落充满了生机和活力。

此外，菜园的存在也体现了河洛居民对自然和环境的尊重。通过种植蔬菜和水果，实现自给自足，减少了对外部环境的依赖和破坏。同时，人们将菜园作为与大自然沟通的桥梁，通过观察和照顾植物的生长过程，更深入地了解和体验自然的魅力。

2. 辅助空间的设计特点

（1）布局合理

在河洛民居中，辅助空间的具有较高的合理性和实用性，这主要得益于其遵循的"功能分区、动静分离"的原则。它不仅确保了居住者的舒适和便利，也体现了对空间的最大化利用。

首先，功能分区的原则使得各个辅助空间能够根据其使用频率和性质进行合理划分。例如，厨房作为日常烹饪的场所，通常被安排在便于取用食材和水源的位置，这样既方便了烹饪活动的进行，也减少了不必要的劳动和时间消耗。同时，储藏室作为存放粮食、杂物等物品的空间，也被设置在靠近厨房或便于取用的地方，方便居民随时取用所需物品。

其次，动静分离的原则保证了居住空间的安静性和私密性。厕所作为相对私密且使用频率较高的空间，通常被设置在院落的一侧或后方等相对隐蔽的位置，这样既避免了噪声和气味对居住区的干扰，也保护了居住者的隐私。菜园虽然需要经常进行劳作，但其产生的噪声和干扰相对较小，因此可以设置在靠近居住区但相对独立的位置。

（2）实用性强

辅助空间设计要追求简单、实用、大方的风格，以满足居民日常生活的实际需求。

首先，储藏室的设计充分考虑了储物功能。河洛民居的储藏室通常设计得既宽敞又实用，以便居民能够储存大量的粮食、杂物等物品。储藏室的内部布局合理，通常会设置多层储物架或储物柜，以增加储物空间，方便居民分类存放物品。此外，储藏室还会注意防潮、防虫等问题，确保储存物品的安全和卫生。

其次，厨房的设计则注重通风和排烟功能。由于烹饪过程中会产生油烟，因此厨房的通风和排烟功能至关重要。河洛民居的厨房通常会设置天窗或高窗，以便自然风能够顺畅流通，带走油烟。此外，厨房的布局也会充分考虑操作流程的便捷性，如将灶台、水池、储物柜等按照烹饪顺序进行合理布局，以提高烹饪效率。

（3）融合文化元素

河洛民居的辅助空间设计确实巧妙地将丰富的文化元素融入其中，这些元素不仅为空间增添了美观性，更深刻地体现了河洛文化的独特魅力。

首先，雕刻和彩绘等装饰元素是河洛民居中常见的艺术表现形式。这些装饰元素往往采用传统的图案和色彩，如祥云、瑞兽、花卉等，通过精细的雕刻和彩绘工艺，展现出了细腻而丰富的艺术效果。这些装饰元素不仅为空间增添了视觉上的美感，更传递了河洛文化的深厚底蕴和独特韵味。

其次，传统的家具和摆设也是河洛民居中不可或缺的文化元素。这些家具和摆设通常采用木质材料，以简约、大方、实用的设计风格为主。同时，储藏室中也会摆放着传统的储物柜、木箱等家具，不仅实用，而且造型古朴典雅，充满了历史感和文化感。这些文化元素的融入不仅使河洛民居的辅助空间更加美观、有特色，更重要的是，它们传递了河洛文化的精髓和内涵。

4.4　民居室内外空间的连续与互动

民居室内外空间的连续与互动涉及多个设计层面，包括室内外空间的连通设计手法、院落与室内空间的和谐统一，以及室内外景观的互动关系。

4.4.1　室内外空间的连通设计手法

古代民居室内外空间的连通设计手法，是通过一系列建筑元素和空间布局的巧妙运用，达到室内外空间视觉和功能的融合。这种设计手法不仅提升了居住体验，也体现了古人对自然和谐共生的追求。

1. 开放式设计

开放式设计在民居中的核心理念是通过打破室内与室外空间的界限，实现视觉、通风和空间的相互借景，为居住者带来更为丰富、健康且舒适的居住体验。

首先，开放式设计强调视觉连通。通过大尺寸的窗户、隔扇门等建筑元素，室内空间与外部环境紧密相连，居住者可以随时欣赏到室外的自然景色。这种设计不仅增加了室内的采光，使空间更加明亮宽敞，而且为居住者带来了更加丰富的视觉体验，如流水潺潺、鸟语花香、四季变换的风光等，让居住者仿佛置身于自然之中。

其次，开放式设计注重通风。在河洛民居中，由于建筑材料的限制和环保意识的缺乏，通风问题往往被忽视。而开放式设计通过扩大门窗的尺寸和数量，有效地改善了室内空气质量。这不仅减少了潮湿和霉味的影响，还为居住者带来了更加健康舒适的居住环境。特别是在炎热的夏季，开放式设计能够有效地降低室内温度，让居住者感受到凉爽的清风。

最后，开放式设计促进了室内外空间的相互借景。在古代民居中，庭院、花园等室外空间往往承载着重要的文化意义和生活功能。而开放式设计将这些室外空间与室内空间紧密相连，使得居住者可以在室内欣赏到室外的美景，也可以在室外感受到室内的温馨。这种相互借景的设计手法不仅丰富了居住者的生活体验，还增强了室内外空间的互动性和整体性，使得整个居住环境更加和谐统一。

2. 过渡空间设计

在河洛民居中，过渡空间的设计展现了对室内外空间关系深刻理解的智慧。它不仅平衡了室内空间的封闭性和室外空间的开放性，还为人们提供了独特的空间体验。

门廊作为最常见的过渡空间形式，位于建筑的入口处，它不仅是室内与室外的分界点，更是连接两者的桥梁。门廊的设计充分考虑了遮阳、避雨和通风的实际需求，使得人们在进出房屋时能够避免恶劣天气的影响。同时，门廊也注重与整体建筑的协调性和美观性，使其成为民居外观的一部分，增添了建筑的艺术魅力；门厅则是另一种典型的过渡空间，位于室内空间的入口处。门厅的设计在保持室内私密性方面起到了关键作用，通过屏风、隔断等手法将室内空间与室外空间分隔开来，避免了外部视线对室内的直接干扰。同时，门厅也具备了储物、换鞋等实用功能，为人们的日常生活提供了极大的便利。

过渡空间的主要作用在于缓冲和连接。它使得室内与室外之间的转换更加自然和流畅，避免了直接的冲突和碰撞。当人们从室外进入室内时，过渡空间为他们提供了一个心理过渡区域，让他们能够逐渐适应室内环境，避免了突然的变化带来的不适。同时，过渡空间也为人们提供了一个可以停留、观察和思考的空间，使得人们在进入室内之前能够有一个缓冲和准备的过程。

3. 灵活隔断设计

灵活隔断的设计理念体现了对居住者对空间灵活性的追求。这种设计理念通过采用可移动或可折叠的隔断，如屏风、窗帘等，实现了室内空间私密性与开放性的平衡，为居住者提供了更加舒适和便捷的居住环境。

屏风作为灵活隔断的代表性形式，其轻便、易移动的特点使得它可以根据居住者的需求随时调整空间布局。屏风的图案和色彩也可以根据居住者的喜好和室内装饰风格进行定制，不仅具有实用性，还能为室内空间增添一份独特的艺术气息；窗帘作为另一种常见的灵活隔断形式，其轻盈、柔软的特点使得它成为调节室内光线和视线的理想选择。窗帘的材质、颜色和图案的多样性也为居住者提供了更多的选择空间，可以根据季节、天气和心情随时调整室内环境。

灵活隔断的主要作用之一是调节室内外空间的开放程度。通过移动或折叠隔断，人们可以根据需要调节空间的开放程度，使得室内空间与室外环境相互交融或相互隔离。这种设计手法不仅提高了空间的灵活性和可变性，还增加了居住者的使用体验和舒适度。

此外，灵活隔断还体现了古人对居住空间灵活性和可变性的追求。由于家庭结构、生活习惯和社会文化的变化，居住空间的需求也会随之改变，灵活隔断的设计使得居住空间可以根据需要进行调整，满足了居住者不断变化的需求。

4.4.2 院落与室内空间的和谐统一

1.空间布局

首先，在设计过程中，院落的形状和大小应与室内空间相协调。设计师根据室内空间的大小和功能需求，合理规划院落的形状和大小，以确保两者在视觉上达到平衡。院落过大可能会显得空旷，缺乏温馨感；而院落过小则可能显得局促压抑，不利于居住者的身心健康。因此，找到两者之间的平衡点至关重要。

在功能布局上，院落与室内空间应实现互补与融合。院落作为室外空间，可以为居住者提供休闲、娱乐和社交的场所，而室内空间则提供居住、休息和储物等功能。通过合理的功能划分和布局，院落与室内空间能够相互补充，形成一个完整的居住体系。例如，院落中的绿化和水景可以引入自然元素，为室内空间增添生机和活力。而室内空间的布局则可以根据居住者的生活习惯和需求进行个性化设计，以提供更加舒适和便捷的居住体验。

除了功能和物理空间的连接外，院落与室内空间还应在情感与审美上实现共鸣。设计师会充分考虑居住者的文化背景、生活习惯和审美需求，营造出一种具有地域特色和文化内涵的居住环境。这种设计手法不仅体现了对居住者需求的尊重，还使得院落与室内空间在情感上产生联系，让居住者感受到一种温馨、舒适和归属感。

2.风格一致

在河洛民居的设计中，院落与室内空间的和谐统一不仅体现在物理连接和功能布局上，更在情感与审美上实现了深度的共鸣。院落作为民居的延伸，不仅是室内外空间的连接点，更是居住者情感与自然的交汇地。设计时会注重院落与室内空间在风格上一致、情感上呼应，通过景观布局、植物配置等方式，营造出一种宁静、舒适、宜人的氛围，让居住者在其中感受到家的温馨与归属感。

在空间布局和功能划分上，院落与室内空间应相互匹配，形成有机整体。根据居住者的实际需求，合理规划院落与室内空间的功能区域，确保它们之间的功能划分相互协调，避免出现功能冲突或空间浪费的情况。同时，注重院落与室内空间在风格上的一致性，通过统一的色彩、材质、装饰等元素，营造出一种和谐、统一的视觉效果。

在细节处理上，无论是门窗的样式、灯具的选型、墙面的装饰，还是地面的铺装等，都会与整体风格相协调。这些细节处理不仅提升了民居的整体品质，展现出精致细腻的美感，也让居住者在其中感受到一种舒适、愉悦的氛围。

河洛民居风格的一致性也是其文化传承的重要体现。这种一致性不仅体现在民居的外观、构造和装饰上，更在居住者的生活方式、审美观念和文化传统中得到了体现。通过传承和弘扬这种一致性，我们可以更好地了解和感受古代社会的风貌和文化底蕴，也为后人传承和发扬传统文化提供了重要的物质基础和精神支持。

3. 景观呼应

景观呼应的理念是展现了对自然与人文环境深刻理解的审美追求。古人深谙居住环境的品质对于居住者生活的重要性，他们不仅关注院落与室内空间的物理连接，更通过景观与装饰的呼应，创造出一种内外交融、和谐统一的生活氛围。这种设计理念不仅提升了居住环境的品质，更让居住者在其中感受到一种与自然和谐共生的生活方式。院落与室内空间之间的景观呼应，是通过一系列设计元素来实现的，其中植物元素是至关重要的一环。

植物作为自然的象征，其形态、色彩和生命力都能为空间带来生机与活力。在院落中，种植各种树木、花卉、藤蔓等，通过它们的布局和搭配，营造出一种自然、宁静的氛围。而在室内，选择与院落景观相协调的植物装饰，如盆栽、花艺等，让室内空间也能感受到自然的气息。

除了植物元素外，装饰品也是实现景观呼应的重要手段。古人会在室内选择与院落景观相协调的装饰品，如与院落水景相呼应的瓷器、与院落山石相呼应的摆件等。这些装饰品在形态、色彩和材质上都与院落景观保持一致，从而营造出一种室内外空间相互呼应、和谐统一的氛围。

景观呼应的设计手法不仅体现了古人对自然与人文环境深刻理解的审美追求，还展现了他们对生活的热爱与追求。通过这种设计手法，古人创造出了一个既美观又实用的居住环境，让居住者在其中能够感受到自然与人文的和谐共生。

4.4.3　室内外景观的互动关系

室内外空间的连通设计手法中，室内外景观的互动关系占据了极其重要的地位，这种互动关系不仅仅是景观元素的简单呼应，更是一种动态的、相互影响的整体，共同营造出一种和谐统一、富有生机的居住环境。通过精心规划，将室外的自然景观元素与室内的装饰元素相融合，形成了一种内外呼应、相互影响的整体，这种设计手法不仅丰富了居住空间的层次感，还使居住者在家中就能感受到大自然的气息，实现了人与自然的和谐共生。实现室内外景观互动的可以用以下几种方法实现。

1. 借景

"借景"作为河洛民居设计中常用的设计手法，展现了设计师对空间与自然关系的深刻理解和追求。其核心在于通过巧妙的规划和布局，将室外的自然景观元素引入室内空间，从而打破室内外空间的界限，使居住者能在室内就欣赏到室外的美景，感受到大自然的魅力。

在具体应用中，借景手法可以分为直接借景和间接借景两种。直接借景是通过窗户、玻璃门等透明或半透明的界面，将室外的景色直接引入室内。这种手法直接而明了，让居住者能够直观地感受到自然的美，同时也为他们提供了一种亲近自然的方式。例如，在民居的客厅或卧室中设置大面积的落地窗户，居住者可以轻松地欣赏到窗外的山水景色，感受到大自然的宁静与和谐。

而间接借景则是一种更为含蓄、细腻的手法。它通过运用与自然景色相呼应的色彩、材质或装饰图案，将室外的景色以间接的方式引入室内，这种手法虽然不如直接借景那样直观，但却能够营造出一种更为深邃、丰富的美感。例如，在室内设计中使用与自然环境相似的色彩和材质，或者在墙面、家具等地方加入与大自然相呼应的装饰图案，都能够在视觉上形成与室外景色的和谐呼应，让居住者感受到室内空间与大自然的紧密联系。

"借景"手法的运用不仅为居住者带来了更加美好的居住体验，更体现了设计师对于空间与自然关系的深刻理解和追求。它打破了传统民居设计中室内外空间的界限，将室内与室外融为一体，使得居住者能够在室内就能够感受到大自然的气息和美景。这种设计手法不仅提升了居住环境的品质，还为人们提供了一种与自然和谐共生的生活方式。

2. 对景

"对景"手法在河洛民居设计中是一种独特而精妙的设计策略，它强调的是室内外景观的相互呼应和对应。设计师在室内空间中精心布置与室外景观相匹配的视觉焦点，从而打破了空间的界限，使室内空间与室外环境形成了一种相互渗透、相互融合的关系。

在室内设计中，设计师会选择合适的空间位置，设置与室外景观相对应的视觉焦点，它可以是室内的一个装饰品、艺术品，也可能是某种空间布局或设计元素。例如，在窗前放置一个与窗外景色相呼应的盆栽，或者将书房的窗户朝向花园，使书案上的笔筒、砚台等文具与窗外的花木相映成趣。这样的设计不仅增强了室内空间的生机与活力，也使居住者在室内就能感受到室外景观的魅力和韵味。

同时，设计师会考虑室内光线的运用，通过合理安排光线来源和照明方式，增强对景关系的视觉效果。使用自然光线的照射使室内空间与室外景观在光影上形成对比和呼应，营造出一种自然、和谐的氛围。在夜晚可以通过灯具的照射，为对景关系营造出更为宁静、雅致的氛围。

"对景"手法不仅增强了室内外空间的互动性，打破了室内外空间的界限，还提升了居住者的视觉享受。居住者可以在室内欣赏到室外的美景，同时也可以在室外感受到室内空间的温馨与舒适。这种互动性不仅增强了居住者的生活体验，也促进了人与自然的和谐共生。

此外，"对景"手法还提高了居住者的审美情趣和文化素养。通过精心布局和设计，室内空间与室外景观在视觉上形成了一种和谐统一的整体。居住者在这个整体中能够感受到自然的美、艺术的美和生活的美，从而提升自己的审美情趣和文化素养。

3. 景观延续

在河洛民居设计中，室内外空间的连通性是创造和谐、宜居环境的关键因素。这种连通性不仅涉及空间布局和功能性的相互呼应，更重要的是通过景观延续的设计手法，实现内外景观元素的交融与互动。景观延续手法在河洛民居设计中有着重要的地位。它通过将室外的自然元素和景观特色引入室内，打破了传统意义上室内外空间的界限，使居住者即便在室内也能感受到室外景观的魅力和韵味，强调室内外景观的相互呼应和相互渗透，通过在室内摆放与室外相似的植物、使用相似的材料等方式，实现了室内外景观在视觉上的连贯性。

色彩作为视觉感受的重要组成部分，在实现景观延续的过程中起着关键作用。设计师可以通过借鉴室外景观的色彩元素，如天空的蓝色、树木的绿色等，将这些自然色彩巧妙地运用到室内空间设计中，这种色彩搭配不仅能够增强室内外空间的互动性，还能为居住者带来更加舒适、自然的视觉享受。同时，通过相同或互补的色彩搭配，可以进一步强调室内外空间的整体感或层次感，增强空间的层次变化和丰富性。

材质的运用在景观延续设计中同样不可忽视。通过使用与室外环境相协调的自然材料，如木材、石材等，可以强化室内与室外的联系，使室内空间更具自然、生态的氛围。这些自然材料不仅具有良好的触感和视觉效果，还能为居住者带来更加健康、环保的居住体验。

景观延续手法不仅体现了河洛民居设计的独特魅力，还蕴含了深厚的生态理念。通过将室外的自然元素引入室内，这种设计手法不仅减少了对环境的破坏和污染，还促进了生态系统的平衡和稳定。这种设计手法符合现代社会的可持续发展理念，可以为人类创造了一个更加美好、宜居的居住环境。

综上所述，河洛民居设计中室内外空间的连续与互动体现了古人对于生活环境的高度整合能力和深厚的文化底蕴。通过景观延续、过渡空间设计、动线连接以及材质与色彩的运用等多种设计策略，成功打造出了一个舒适、宜居且富有美感的室内外空间环境。这种设计理念不仅提升了居住者的生活品质，也为现代建筑设计提供了宝贵的借鉴和参考。

5

河洛民居装饰艺术

5.1 传统装饰艺术概述

河洛民居的装饰艺术是我国传统建筑文化中的一部分，其特点和风格深受地域文化、历史背景以及社会习俗等的影响。从地域文化的角度来看，河洛地区历史悠久，文化底蕴深厚，地域特色的木雕、砖雕、石雕等，都充满了浓厚的乡土气息和地域特色。这些装饰图案往往取材于当地的自然景观、历史文化、民间传说，如山水、花鸟、人物等，都蕴含着极其丰富的文化内涵和地方特色；而且，河洛地区长时间处于政治、经济、文化的中心地带，历史文化背景积淀深厚，它对河洛传统民居装饰艺术的影响也不容忽视。在其影响下，河洛传统民居装饰艺术在风格上呈现出一种庄重、典雅的气质。同时，不同历史时期的建筑风格和文化特色也在民居装饰艺术中得到了不同的体现，如汉唐时期的雄浑大气、宋元时代的细腻精致等。另外，河洛地区的社会习俗丰富多彩，婚丧嫁娶、节庆活动等习俗在民居装饰艺术中得到了生动的体现。在民居的门窗、檐口等地方，经常可以看到寓意吉祥、祈福的装饰图案，如蝙蝠（福）、鹿（禄）、鱼（余）等，都寄托了人们对美好生活的向往和追求。

通过实地调研和相关文献研究，可以对河洛地区传统民居的装饰艺术有一个全面的了解。

5.1.1 装饰艺术的源起

河洛地区的民居装饰艺术随着朝代的更迭展现出不同的特点和风格。

在早期的秦汉时期，装饰艺术尚处于初步发展阶段，体现在建筑结构上是大屋顶，整体豪放朴拙，展现出一种古朴大气的风貌。民居建筑开始广泛使用瓦当作为屋顶装饰的重要材料，而图案只是简单的动植物纹、云纹等雕刻。在秦汉墓葬文化中，木雕被广泛用于制作棺椁、家具以及各种装饰品，通常具有精细的雕刻和复杂的图案，反映了当时人们对于死后世界的想象和追求。这种艺术形式不仅在墓葬文化中占据重要地位，其风格和技法也逐渐渗透到了日常生活中，特别是民居装饰领域，主要应用在门窗、梁架、家具等方面，不仅增加了居住空间的美观度，也体现了主人的身份和品位。

进入魏晋南北朝时期，装饰艺术开始显著发展，出现了更多复杂的图案和精致的雕刻技术。在图案方面，莲花纹饰出现在门楣、窗棂、梁架、檐口、家具和日用品上，展示出更加复杂和精细的特点，不仅美化了建筑，也寄托了人们对生活的美好愿望。如在白马寺，寺庙内的石雕莲花纹饰精美绝伦，每一朵莲花都仿佛在诉说着千年的故事。魏晋南北朝时期的装饰艺术不仅广泛应用于建筑、家具、器皿等实用领域，还逐渐渗透到宗教、文化等领域。例如，佛教艺术的兴起也带来了新的佛像、飞天等装饰元素，这些图案被广泛应用于佛像、经幢、塔刹等造像的装饰上。雕刻技术方面不仅继承了汉代的传统，还吸收了西域以及中亚地区的艺术风格，展示出了更高的技艺水平，特别是石雕在这一时期得到了进一步的发展，其造型更加生动，细节处理更加精致。木雕、砖雕形式也达到了较高的艺术水平，展现出了精湛的工艺和深厚的艺术造诣，形成了独特的艺术风貌。

唐代是中国古代装饰艺术的鼎盛时期，河洛民居的装饰艺术也达到了一个新的高度。在色彩方面，唐代河洛民居的装饰艺术善用色彩的鲜明对比来增强视觉冲击力。如红与绿、蓝与黄等色彩组合，这种强烈的对比不仅使建筑外观生动活泼，而且能够突出建筑的结构和装饰细节。如，青色和白色也是唐代民居常见的色彩组合，青色代表宁静和清新，而白色则给人以纯净和明亮的感觉，这种色彩搭配在园林和庭院中尤为常见。蓝色和绿色在唐代民居中也经常出现，蓝色代表天空和海洋，给人以宁静和深远的感觉，绿色则象征生机和活力，常用于花园和室内植物的装饰。在图案设计上，唐代河洛民居的装饰艺术则更加注重细节和精致。自然元素中常见各种花卉图案，如牡丹、莲花、菊花等，象征着富贵、纯洁和高雅。龙、凤在河洛民居装饰中占据重要地位，通常被刻画为威严、神圣的形象，寓意权力和尊贵。图案在设计上注重对称和平衡，通过巧妙的构图和细腻的刻画，使得整个装饰图案在视觉上更加和谐、统一。而且在细节处理上非常精细，每一个元素都被刻画得栩栩如生，不仅增强了装饰图案的观赏性，也体现了古人对于工艺技术的精湛掌握，展现出了当时社会的繁荣和文化的昌盛。此外，唐代的装饰艺术还非常注重空间的布局和层次感。通过巧妙地运用线条、色彩和光影等元素，营造出一种既宽敞又紧凑的空间感，使得整个建筑既有气势磅礴之感，又不失细腻入微之美。

时间到了宋代，装饰图案和元素不再像唐代那样繁复和华丽，而是追求简洁、清新的风格，这种美学观念，是与宋代文人对于自然美的崇尚有着密切的联系。建筑设计上表现为线条流畅，比例和谐，避免过分复杂的装饰元素，营造出一种宁静而幽雅的居住环境。这种使用象征性的图案或者隐喻性的装饰手法来表达的方式，使得装饰本身不仅是视觉上的享受，更是情感和思想的传达。例如，山水画、花鸟纹样等传统图案，往往蕴含着深厚的文化内涵和哲理寓意。而且，宋代的社会经济和文化氛围对民居装饰艺术产生了深远的影响，河洛地区的民居装饰艺术深受理学人与自然和谐共生思想的影响，在民居装饰中表现为对自然元素的广泛运用和对传统文化的尊重。首先，河洛民居装饰艺术采用材料本身自然美的石材、木材，符合理学追求自然和谐的理念。同时，装饰图案也多取材于自然界，如山水、花鸟等，通过艺术手法将自然之美融入生活空间。其次，宋代河洛民居装饰艺术注重传统文化的传承。理学家们认为传统文化是民族精神的重要组成部分，应该得到保护和发扬。因此，在民居装饰中，常常可以看到传统文化元素的影子，如书法、绘画、雕刻等，这些元素不仅美化了居住环境，也传递了丰富的文化内涵。尽管宋代河洛民居的装饰艺术追求简洁和雅致，但在细节处理上却十分精细，无论是门窗的雕刻、墙壁的彩绘还是家具的装饰，不仅增强了装饰艺术的观赏性，也体现了宋代河洛民居装饰艺术的高品质和内涵。

明清两代的装饰艺术在继承宋代简洁雅致的基础上，审美趣味和工艺技术进一步发扬光大，表现出了极高的多样性和审美价值。在装饰手法上，河洛地区民居建筑采用了雕刻、彩绘等多种技艺。雕刻方面，常见的有石雕、木雕、砖雕等，其中木雕尤为盛行，常用于梁架、门窗、家具等部位，作品通常以花鸟、山水、人物等为题材，栩栩如生。如康百万庄园的"留余"匾额，不仅展现了家族的文化底蕴，也增加了民居的艺术美感。彩绘也是一种重要的装饰手法，它不仅增加了建筑的色彩层次感，还赋予了建筑更多的艺术表现力。彩绘以红、绿、蓝、黄等鲜艳色彩为主，内容通常包括龙纹、凤纹、花卉纹等传统图案，以及寓意吉祥的符号，如福禄寿喜等。

此外，随着经济的发展和技术的进步，民居建筑的装饰材料也变得更加多样化。除了传统的木材、石材外，还开始大量使用砖瓦、琉璃等新型材料。这些材料的使用不仅增强了建筑的稳固性和美观性，还为装饰艺术提供了更多的可能性；在装饰手法上，明清两代的河洛民居也进行了许多创新。例如，在门窗的雕刻上，开始采用浮雕、透雕等多种手法，使得雕刻作品更加立体生动。还有镶嵌工艺，如嵌瓷、嵌玉、嵌玻璃等，使墙面更加华丽多彩；在装饰内容上，除了传统的花卉、鸟兽等图案外，还开始加入更多的民间故事、历史人物等元素，这些元素的加入不仅丰富了装饰内容，还使得民居建筑更具文化内涵和历史底蕴。

总的来说，河洛民居装饰艺术的变化反映了中国古代社会的变迁和审美观念的演进，受到了当地自然环境、政治、经济、文化的制约，每一个朝代都留下了独特的印记，共同构成了丰富多彩的河洛民居装饰艺术的历史画卷。

5.1.2　装饰艺术的建筑表现

河洛地区的民居建筑以其独特的装饰艺术表现而著称，这种艺术不仅体现了地域特色，还融入了当地的文化与情感。

1. 门楼装饰

河洛民居的门楼设计风格受到多种因素的影响。首先，地理环境对其产生了重要影响。河洛地区位于黄河与洛河之间，气候条件多样，在建筑设计上需要考虑防风、防水、保温等要求，这些自然条件限制了门楼的形式和材料选择。建筑高大、墙体宽厚的设计，不仅体现了建筑的坚固与稳定，也赋予了门楼一种庄重、威严的气势。其次，历史文化背景也是一个重要因素。河洛地区是中华文明的发源地之一，有着悠久的历史和丰富的文化传统，这些文化元素在门楼的设计中得到了体现，如雕刻、彩绘等装饰手法。门楼前脸的装饰设计精巧，特别是石刻门额（青石斗板）的应用，将石刻与书法艺术融入古民居的建设中，雕刻技艺精湛，线条流畅、构图饱满，使整个门楼显得秀气儒雅。青石斗板上的文字题词通常采用书法艺术进行书写，字体端庄秀丽、笔力遒劲。除文字题词外，还雕刻有龙凤呈祥、富贵牡丹等各种吉祥图案，通过巧妙的构图和精细的雕刻手法，将图案和文字题词雕刻得栩栩如生、形象逼真，象征着吉祥如意、富贵荣华，体现了河洛地区人民对书法艺术的热爱和追求。

此外，社会经济发展水平也对门楼的设计产生了影响。门楼的设计也逐渐趋向于更加精致舒适、大气威严，象征着家族的地位财富，满足防御外敌、彰显家族身份的需要。最后，随着建筑技术的不断发展，新的建筑材料和施工技术被应用到门楼的设计中，使得门楼的形态和风格更加多样化。如青石作为石刻门额的主要材质，其质地坚硬、色泽青润，具有良好耐久性，增添了门楼的装饰艺术美感。

2. 屋宇格局与屋顶装饰

河洛民居的屋宇格局多样，通常为传统的中式建筑风格，以院落为核心，强调内外分明的空间布局，其中最具代表性的是合院式民居。这种民居形式由多座房屋围绕一个中心院落建造而成，形成封闭的居住空间。房屋多为单层或双层结构，屋顶采用硬山顶或歇山顶，屋脊两端常常装饰有兽头瓦当，显示出浓厚的地方特色。以洛阳市的庄家大院为例，这座具有深厚历史底蕴的院子始建于清道光十一年（1831 年），总面积约为 $3330m^2$。院子由三座三进的四合院由东至西并排组成，各有偏门相通，形成了一种独特的建筑群结构。在装饰元素上图案设计简洁而富有韵律感，增添了屋顶的艺术美感。在韵律格局上形成"高—低—高"节奏感很强的设计，使得整个院子在视觉上呈现出一种和谐统一的美感，体现了居民对于生活品质的追求和向往。

河洛民居的屋顶装饰艺术同样丰富多样，以硬山顶为主，有利于防风防火。屋顶的装饰主要体现在正脊、垂脊和滴水瓦等方面。正脊线条平直，有助于保持屋顶的稳定性，垂脊线条倾斜，有利于雨水的顺畅排放，减少积水对屋顶结构的侵蚀。屋檐滴水瓦上的走兽图案设计栩栩如生，不仅具有装饰作用，还体现了古代工匠的精湛技艺。

此外，河洛民居的屋顶装饰艺术也非常讲究，常见的装饰元素包括琉璃瓦、彩画、雕刻等。琉璃瓦不仅具有实用功能，还能增添建筑的华丽感。彩画和雕刻则多用于屋脊、屋檐等部位，色彩鲜艳，图案多样，既有龙凤、莲花等传统吉祥图案，也有山水、花鸟等自然风光，这些装饰图案不仅富有浓厚地域特色，还展现了高超的艺术技巧和深厚的文化内涵。

3. 门窗装饰

河洛地区的传统民居门窗装饰主要分为两种类型：合院式民居和窑洞式民居。合院式民居的门窗装饰以木材为主，常用的装饰手法包括木雕、砖雕和石雕。门窗的形状和图案多种多样，常见的有直线窗棂、花格窗芯、雕刻精细的门楣和窗楣等。门窗装饰艺术在设计上注重实用与美观的结合，图案多以花鸟、人物、动物等为主题，精湛的雕刻技艺和丰富的色彩搭配，不仅起到美化作用，还具有一定的象征意义；窑洞式民居的门窗装饰则相对简单，门窗多采用石头或土坯制成，装饰简洁，但在细节处理上也不乏精巧之处，如门楣上的石刻、窗边的石雕、彩绘、铜钉等。

常见的有支摘窗和槛窗。支摘窗由两部分组成，上部可随天气变化用纱或纸糊饰，夏天，可以使用纱布或纱窗来遮挡蚊虫，同时保持室内通风；冬天，则可以用纸糊饰来阻挡寒风，同时保持室内的温暖。而下部则可以安装玻璃，玻璃的使用使得室内光线更加明亮，同时也为居住者提供了更广阔的视野。这种设计不仅体现了古人对自然环境的敏锐感知，也展现了他们对生活细节的关注。在纹样处理上，以如意云头、夔龙、卷草等为主，展现了细腻的工艺和丰富的文化内涵。槛窗是一种固定式的窗户，多用于较郑重的厅堂，它的特点是窗框较高，通常位于墙体的中部或上部。槛窗的设计通常比较复杂，通常与格门并用，墙上装踏板，然后装窗。设计时加入雕花或者彩绘等装饰元素，使得窗户不仅具有实用功能，还有一定的观赏价值。

河洛地区的门窗装饰纹样和图案反映了当地的思想观念和文化传统。例如，常见的松、竹、梅等图案，寓意坚韧和长寿。此外，有些装饰带有教化意义，反映忠孝仁义、福禄寿喜等内容，以及反映民众生产和生活场景。

4. 墙面装饰

河洛民居的墙体通常采用厚实的土坯或者砖石结构，这种材料具有良好的保温性能，能够有效地保持室内温度，减少热量的流失。在墙面装饰上常常使用灰泥抹平，并在表面施加一层白色的石灰粉作简单的装饰，这种白色的涂层不仅美观，而且具有反射阳光的作用，能够降低室内温度，增加舒适度。经济富裕的情况下，民居还会采用雕刻精美的木梁、石雕以及彩绘等手法来装饰墙面，彩绘通常以吉祥图案、山水风景和传统故事为主题，色彩鲜艳明快。壁画则常以历史人物、神话传说和民间故事为题材，形象生动。

在河洛民居的外墙装饰运用上，强调与自然的和谐共生，倾向于使用淡雅的色彩，保留材料原有的色彩，营造出朴素而不失雅致的氛围，实现了人与自然的和谐统一。河洛地区的自然景观以山水为主，淡雅的色彩能够与周围的环境相协调，给人一种宁静、舒适的感觉，营造出和谐统一的视觉效果。此外，一些民居还会在墙体上开设窗户，这些窗户通常较小，但数量多，分布均匀，既保证了室内的采光，又有利于空气流通，提高居住环境的舒适度。整体来看，河洛民居的外墙装饰设计不仅展现了传统建筑的美学价值，也反映了当地人民的生活哲学和文化追求。

5. 室内装饰

河洛民居的室内装饰设计注重细节，色彩、材质、家具、装饰元素和灯光等多方面的综合搭配与运用，旨在打造舒适、美观且富有文化气息的居住环境。

空间布局方面，房间之间通过屏风、隔断或门洞相互分隔，既保证了私密性，又保持了空间的通透感。庭院作为家庭生活的中心，常常布置有假山、池塘和花木，形成宜人的户外休闲空间；在色彩运用上，倾向于使用自然和谐的色调，如木色、白色和灰色，营造出温馨宁静的居住环境；家具和装饰品多采用木质材料，并通过雕刻和漆饰设计来增添艺术效果，图案多为花鸟、人物等。家具陈设讲究对称与协调，以中式古典家具为主，如红木家具、仿古茶几等。这些家具不仅实用，还能作为装饰品，提升室内的文化品位。同时，家具的摆放也注重空间感和流线设计，以方便日常生活。

河洛民居的室内装饰中，常运用一些具有传统文化寓意的装饰元素，如中国结、书画、瓷器和陶瓷等艺术品也常被用作室内装饰。此外，木雕和石刻等民间手工艺品也常被用于装饰，以展示河洛地区的民俗文化和传统工艺；灯光设计在河洛民居的室内装饰中也占据重要地位。通过巧妙的灯光布局，可以营造出不同的氛围和视觉效果。例如，在客厅或书房等需要明亮光线的区域，会设置主灯和辅助灯光，以满足日常阅读和会客的需求；而在卧室等需要安静氛围的区域，则会选择柔和的灯光，以营造温馨的睡眠环境。

综上，河洛民居的装饰设计体现了其独特的建筑风格和文化特色，既保留了传统元素，又融入了现代元素，是我国传统民居建筑中的瑰宝。

5.1.3 装饰艺术的礼制思想体现

1. 建筑布局

河洛民居的建筑布局体现了以礼为中心的文化特色，影响了民居建筑的装饰艺术。可以从以下几个方面进行分析。

首先，河洛地区的古民居文化特色中，以礼为中心的等级伦理秩序是其显著特征之一。从家族角度来看，康百万庄园的康家家族繁衍昌盛了 12 代，延绵 400 多年，成为全国传奇的商业家族，家族成员之间的相互支持和合作，以及对家族传统的尊重和传承，是家族繁荣昌盛的重要原因之一。忠、义、信、仁的家风实践，展示了家族价值观和社会责任感，不仅是家族内部成员行为规范的指导，也是对外展示家族荣誉和社会地位的一种方式；从社会秩序角度来看，河洛民居的装饰艺术也反映了对"礼"的尊重，这是我国传统社会中维持社会秩序的重要元素。通过精细的装饰艺术，如木雕、壁画等，不仅美化了居住环境，也成为传递家族历史和文化的载体。装饰艺术的使用和展示，是对家族历史和文化传承的一种尊重，同时也是对社会规范和伦理道德的一种遵循。

其次，在河洛地区根据礼制思想，建筑的空间布局往往遵循一定的等级序列，不同等级的居民住宅在规模和装饰上有明显的区分。贵族和富商的宅院通常占地面积广阔，建筑宏伟，装饰华丽，使用高质量的材料和精细的工艺。而普通百姓的住宅则相对简单，规模较小，装饰朴素。这种差异在屋顶的形状、门窗的大小和雕刻的复杂程度上尤为明显。从空间布局与功能角度来看，主房通常位于院落的中心位置，面向大门，象征着主人的权威和尊严。侧房和附属建筑则位于两侧或后方，用于居住家属或存放杂物。这种布局强调了家族内部的尊卑顺序和家族成员之间的界限。如康百万庄园就体现了由小到大的组合秩序，这种布局不仅反映了社会等级，也符合人文关怀，即尊老爱幼、师尊亲近的传统观念；从家族地位角度来看，家族成员之间的居住安排根据辈分和性别来决定。长辈住在靠近主房的位置，晚辈则住在远离主房的地方。女性成员通常住在后院或侧房，与男性成员保持一定的距离，这种安排有助于维护家族内部的和谐与稳定。

最后，河洛民居的建筑装饰往往反映了儒家礼制精神，这种精神强调的是一种对和谐、秩序和道德规范的追求。在追求和谐上，河洛民居的建筑风格和装饰元素常常追求与周围环境的和谐统一。比如，民居的选址、布局以及建筑材料的选择，都充分考虑了当地的地形地貌和气候特点，体现了与自然环境的和谐共生。在室内装饰方面，色彩的运用、材质的搭配以及家具的陈设等，都注重整体的和谐与平衡，营造出一个舒适、宁静的居住环境；在追求秩序上，儒家礼制精神强调社会秩序和等级制度，门楼的高大、墙体的宽厚、砖雕的图案等，都体现了对家庭和社会地位的尊重与彰显。内部的布局和家具的摆放也遵循了尊卑有序、内外有别的原则，体现了儒家礼制精神中的等级观念和秩序要求；在追求道德规范上，河洛民居的装饰艺术中融入了大量的传统文化元素和符号，如书法、绘画、陶瓷等，这些元素和符号往往具有深刻的道德寓意和文化内涵。通过装饰元素，可以传达出儒家文化中的仁爱、诚信、忠诚、孝顺等道德规范，引导人们树立正确的价值观和道德观念。同时，河洛民居的装饰艺术也体现了对家庭、社会和国家的责任感和使命感，倡导人们积极履行自己的义务和责任，为社会和国家的繁荣稳定作出贡献。

2. 色彩搭配

河洛地区的民居在色彩搭配上体现了深厚的礼制思想。这种思想根植于河洛民居的设计中，色彩的运用不仅追求美观，更承载着象征意义和社会功能。

首先，在河洛民居中，色彩的选择往往与其代表的社会地位和角色有关。红色多用于门窗、柱子以及节庆装饰，以此来营造欢乐和祥和的氛围。例如，春节期间，家家户户挂红灯笼和贴红对联。黄色则是帝王专用色，局限于皇宫、庙宇等重要建筑，代表权威和尊贵，以彰显其崇高的地位，普通民众的住宅很少使用黄色，以免触犯皇权。蓝色和绿色则常用于普通百姓的住宅，反映了平民阶层追求简单生活的愿望，蓝色和绿色也与自然界的天空和大地相呼应，体现了人与自然和谐共生的理念。通过这样的色彩搭配，民居的外观传达了居住者的身份和社会地位。

其次，除了象征意义外，色彩在河洛民居中还承担着调节情绪和营造氛围的作用。如土黄色、灰色、白色等，这些颜色能够很好地融入自然环境，反映出当地人民与自然和谐共生的生活哲学。采用红色、蓝色等鲜艳的色彩点缀，以增加建筑的视觉冲击力和艺术效果，有助于营造宁静和放松的环境，适合休息和冥想。同时，河洛民居在应对不同季节时的色彩变化可以体现在建筑材料和装饰元素的选择上。春季，由于气候温暖湿润，人们倾向于使用鲜艳的颜色来装饰房屋，如红色、黄色和绿色等，以营造生机勃勃的氛围。冬季，为了抵御寒冷，人们会选择深色或冷色调的涂料，以减少热量流失。

最后，河洛民居的色彩搭配体现了礼制思想的核心原则——"礼"。在儒家文化中，"礼"是维护社会秩序和人际关系的重要工具。通过色彩的合理运用，民居不仅展现了居住者的身份，还反映了对社会规范的尊重和遵循。色彩搭配不仅有助于增强居民之间的相互理解和尊重，促进成员的凝聚力，而且还能激发居民的归属感，进而让居民更加珍惜和维护这个共同的家园。此外，色彩搭配还能影响居民的情绪和行为，例如温暖的色调可能让人感到舒适和放松，而鲜艳的颜色则可能激发人们的活力和创造力。因此，合理的色彩搭配是对"礼"的一种视觉表达，对于营造一个和谐、有凝聚力和归属感的环境至关重要。

3. 天人合一的影响

礼制思想的文化传承作用，遵循"天人合一"的原则，强调与自然环境的和谐共生。

首先，河洛民居的装饰艺术体现了天人合一的哲学思想。在其思想的影响下，当地居民不仅选址力求与周围环境相协调以及追求山水之间的平衡，房屋的布局和朝向也考虑到了日照、风向等自然因素以达到最佳的居住效果，而且认为民居建筑及其装饰艺术应当与自然环境和谐共生。例如，屋顶、梁柱、宅门等部位的装饰，不仅考虑到了实用性和审美性，还融入了对自然的崇拜和尊重，以及对宇宙和谐的追求。

其次，河洛民居在材料选择和建筑风格上也体现了天人合一的思想。民居采用当地的石材、木材等自然资源，既节约成本又减少对环境的破坏。同时，民居的建筑风格简洁大方，注重与自然环境的融合，避免过分雕琢和装饰，保持了自然之美。

最后，河洛民居的生活习俗和礼仪制度也深受天人合一理念的影响。居民们在日常生活中注重与自然的和谐相处，如节气变化时调整饮食起居，节日庆典时祭祀天地神灵等。这些习俗不仅体现了对自然的敬畏，也表达了人们对和谐生活的向往。

综上所述，河洛地区的装饰艺术在传递家族历史和文化方面发挥了不可替代的作用，它们不仅是物质文化遗产，更是家族精神文化的重要组成部分。通过这些艺术作品，我们能够窥见家族的过去，感受家族的文化底蕴，从而更好地理解和尊重当地民居的历史和文化传统。

5.1.4　装饰纹样

河洛地区的民居装饰纹样是我国传统建筑艺术的重要组成部分，常见的元素包括几何图形、自然景观、人物故事以及各种吉祥图案等，不仅起到美化作用，还有着祈福、辟邪、富贵等寓意。

1. 纹样的类型和风格

河洛民居装饰纹样的主要类别包括几何纹样、自然纹样、人物故事纹样以及吉祥纹样等（图5-1）。

几何纹样   自然纹样

故事纹样   吉祥纹样

图 5-1 四种纹样

（1）几何纹样

其特点是简洁明快、线条流畅，能够给人带来强烈的视觉冲击力。主要有直线纹、曲线纹、菱形纹和多边形纹等四种常见的纹样。直线纹是一种基础的几何纹样，它可能以单独线条出现，也可能形成交叉、平行或垂直的图案。直线纹给人以稳定、庄重的感觉，同时也具有一定的方向性和引导性；与直线纹相反，曲线纹则以其柔和、流畅的线条给人留下深刻的印象。曲线纹形成波浪、螺旋或各种抽象的形状，为河洛民居的装饰增添了一种动态美和韵律感。菱形纹是一种四边形的变形，其两条对角线互相垂直且等长。菱形纹在河洛民居的装饰中经常出现，通过与其他纹样的各种组合，形成丰富多样的图案。除了菱形纹，多边形纹也是河洛民居装饰中常见的几何纹样，多边形包括三角形、四边形、五边形等，它们可能单独出现，也可能以组合的形式形成复杂的图案。多边形纹为河洛民居的装饰增添了更多的变化和层次。

（2）自然纹样

是以自然界中的各种元素为灵感来源，如山水、花鸟、鱼虫等。这种纹样通常具有很强的生命力和艺术感染力，能够让人们感受到大自然的美丽和神奇。

自然纹样源于大自然，是对自然界中各种元素的提炼和再现。这些元素包括山水、花鸟、鱼虫等，它们不仅形态各异，而且具有丰富的象征意义和文化内涵。在河洛民居的装饰中，艺术家们通过对这些自然元素的观察和感悟，将其转化为各种精美的纹样，为建筑增添了无限生机和活力。山水纹样以自然界的山水景象为原型，通过艺术家的提炼和再现，形成了具有独特韵味的纹样。这些纹样通常包括山峰、流水、云雾等元素，能够营造出一种宁静、幽雅的氛围。花鸟纹样多以自然界中的花卉和鸟类为原型，通过艺术家的描绘和刻画，形成了具有生动形象和鲜艳色彩的纹样。这些纹样通常包括牡丹、梅花、喜鹊、凤凰等元素，寓意吉祥、富贵和幸福。鱼虫纹样以自然界中的鱼类和昆虫为原型，通过艺术家的简化和变形，形成了具有抽象美感和寓意的纹样。这些纹样通常包括金鱼、蝴蝶、蜻蜓等元素，寓意自由、灵动和美好。

（3）人物故事纹样

河洛地区的人物故事纹样经常取材于河洛地区的神话传说，作为河洛地区的代表性神话传说之一，"河图洛书"传说被广泛应用于人物故事纹样中。这些纹样通过生动的画面展现了伏羲氏依照"河图"画出八卦，大禹对"洛书"进行阐释的形象和事迹，体现了他们对人类文明的贡献和影响。同时，这些纹样也融合了河洛地区的历史故事，如古代英雄人物等的事迹，体现了地域文化的独特性和历史传承。

人物故事纹样通过细腻的线条和色彩描绘出故事中的人物和场景，使画面栩栩如生。无论是神话中的神还是历史中的英雄，都被刻画得形象鲜明。这些纹样不仅描绘了人物形象，还通过画面展示了故事情节的发展。从故事的开端到高潮再到结尾，每一处情节都被精心地描绘在纹样中，使观者能够一目了然地理解整个故事。

（4）吉祥纹样

是以寓意吉祥、祈福求安为主旨的纹样，如福、寿、财、喜等字样，或者龙、凤、狮子等吉祥物。这种纹样通常用于建筑的门窗、梁架、家具等部位，以祈求家庭和睦、幸福安康。例如，在门楣上雕刻"福"字，寓意福气临门；在屋檐下绘制龙凤呈祥的图案，象征吉祥如意；在家具上雕刻狮子头，代表权威和保护。

2. 纹样的制作工艺

研究河洛民居纹样的制作工艺，特别是雕刻和彩绘等制作技艺，可以揭示传统工匠的高超技艺和创新精神。主要表现在以下几个主要方面：

（1）雕刻技艺

雕刻技艺是河洛民居纹样制作的核心，这种技艺要求工匠具有极高的手工技能和艺术创造力。材料选择上，由于地理环境的特殊性，石材是民居建筑中常用的材料之一，常用于地面、墙面和柱子等有纹样的部位。石材的硬度和耐磨性使其成为制作纹样的理想选择，经过精细打磨和雕刻，形成了具有河洛特色的民居纹样。雕刻技法多样，常见的有浮雕、圆雕、透雕等。工匠们根据不同需求和石材的特性选择合适的技法。在纹样的设计上融合了当地的传统文化元素，如动植物形象、神话传说等，寓意吉祥，象征着人们对美好生活的向往和追求。

（2）彩绘技艺

彩绘色彩丰富，常用的颜色有红、黄、蓝、绿等，寓意吉祥、繁荣和美好。色彩搭配也会运用对比强烈的手法，通过色彩的对比来突出建筑的层次感，既有强烈的视觉冲击力，又能够凸显出民居的独特魅力。工匠们运用勾勒、填色、渲染等技法，将纹样绘制得栩栩如生，富有立体感。如，龙在中国文化中是吉祥的象征，代表权力和尊贵，龙纹常出现在建筑的梁架、门窗等部位，寓意驱邪避凶，带来好运。莲花图案除了会被刻画在屋檐和飞檐的装饰中，也会被应用在家具和日用品上，如床榻、桌椅、瓷器等，以此来体现主人的审美趣味和文化修养。彩绘纹样往往蕴含着丰富的文化内涵，如历史故事、民间传说等，如八仙过海的图案经常被用来装饰门窗、屋檐等部位，以此来表达人们对美好生活的向往和对未来的希望。

（3）高超技艺与创新精神

河洛民居纹样的制作工艺是我国传统手工艺的重要组成部分，它承载着丰富的历史文化内涵和地域特色。这种技艺通常通过师徒之间的口传心授方式得以传承，工匠们在实践中学习，不断磨炼技艺，确保每一代都能够掌握并发扬光大。在传承过程中，工匠们不仅注重传统技艺的保持，还积极吸收现代元素，创新发展。他们通过参加各种培训和交流活动，学习新的设计理念和制作技术，从而提高自身的技术水平，使河洛民居纹样的制作工艺更加多样化和现代化。然而，仅仅依靠口传心授是远远不够的。随着时代的变迁和社会的进步，新的技艺和理念不断涌现，工匠们需要不断学习新的技艺，提高自己的技术水平。他们通过阅读书籍和提升能力等方式，将新的技艺和理念融入自己的作品中，使得河洛民居的纹样制作工艺更加丰富多彩、更加符合现代审美。

3. 纹样的文化内涵与象征意义

深入挖掘纹样背后的文化意义，探讨其与当地社会习俗、宗教信仰、哲学思想等的关系，主要表现在：

（1）吉祥寓意

许多纹样都含有吉祥的含义，各自承载着不同的象征意义。例如，蝙蝠因其发音类似于"福"，成为福气的象征；鱼则因与"余"谐音，代表年年有余。这些吉祥图案在河洛民居中的应用广泛，不仅体现在建筑的梁、柱、门窗等构件上，还通过壁画、雕刻等形式展现出来，不仅美化了建筑，也寄托了人们对未来的美好期望和对生活的热爱。

（2）社会地位

某些纹样只有贵族或者富裕家庭才能使用，它们代表了主人的身份和地位。例如，龙和凤，代表着权力和贵族身份，龙常被用来装饰宫殿和庙宇的屋脊，凤通常与龙配对出现，代表和谐与统一，它们的结合象征着吉祥和如意。

（3）宗教信仰

一些纹样反映了人们的宗教信仰，如莲花、八卦等。莲花象征纯洁和高雅，常与佛教文化联系在一起，在我国传统文化中有清洁无瑕、纯洁高雅的寓意。

（4）自然崇拜

很多纹样源自对自然的观察和崇拜，如山水、花鸟等，表达了人与自然和谐共处的理念。如牡丹、梅花、竹子、菊花、松柏等，它们象征着富贵、吉祥、坚韧、高洁的美德。荷花，象征着纯洁和高贵，有时也与"清廉"相关，寓意廉洁。

（5）历史传说

有些纹样源于古代的神话故事或者历史事件，通过艺术形式传承下来，成为民族文化的重要组成部分。据史书记载，牡丹在唐朝时期已成为宫廷和民间喜爱的花卉之一，被誉为"花中之王"。河洛民居中的牡丹纹，既是对唐朝盛世文化的传承，也是对美好生活和吉祥富贵的向往，牡丹纹通过彩绘、刺绣等方式，装饰在民居的墙壁、床帐、桌椅等物品上，为民居增添了浓厚的艺术氛围。

4.纹样的保护与传承

河洛民居的装饰纹样是我国传统建筑艺术的重要组成部分，它们不仅体现了古代河洛地区工匠们的高超技艺，还蕴含着丰富的历史文化内涵。为了有效保护和传承这些珍贵的文化遗产，可以采取以下措施：

（1）建立档案和数字资料库

对现存的河洛民居及其装饰纹样进行详细的调查和记录，包括其建筑类型、结构、装饰纹样等方面的详细记录。这可以通过实地考察、摄影、测绘等方式进行。同时，还需要收集相关的历史文献和资料，以便更好地理解河洛民居的历史和文化背景。在调查和记录的基础上，可以建立河洛民居的档案。档案应包括建筑的基本信息、历史背景、建筑特点、装饰纹样等内容。此外，还可以对每个建筑进行编号和分类，以便于管理和检索。除了纸质档案外，还可以建立河洛民居的数字资料库。数据库应包括建筑的图像、图纸、数据等信息，以更方便地进行查询和分析。同时，还可以利用GIS等技术对建筑的地理位置进行标注和分析，以便于未来的研究和保护工作。

（2）修复和维护

对于那些已经损坏的装饰纹样，修复时应尽可能采用与原有装饰纹样相同或相似的材料，并采用传统的制作工艺，对残损的装饰元素进行修复，如清洗、修补、加固等，以恢复其原有风貌。同时，在修复过程中，应注重细节处理，包括雕刻、绘画、装饰等方面，以保持建筑的艺术价值和原本历史时期的文化和社会背景；定期对民居进行全面检测与评估，了解其结构现状和存在的问题，并针对结构问题采用传统加固措施，进行维护，防止进一步破坏。

（3）教育和宣传

通过学校教育、社区活动、媒体传播等方式，提高公众对河洛民居装饰纹样的认识和重视程度，培养更多的保护意识。学校教育是提高公众对河洛民居装饰纹样认识和重视程度的重要途径。通过将河洛文化和民居装饰纹样纳入课程体系，学生可以从小学习和了解本土文化，培养对传统文化的热爱与保护意识以及对家乡文化有更深刻的理解。社区活动是增强公众对河洛民居装饰纹样保护意识的有效方式。通过组织各类文化活动，如"非遗进社区"，可以让居民在家门口就能感受和学习传统文化，促进优秀非物质文化遗产在社区扎根、传承。媒体传播是扩大河洛民居装饰纹样影响力的关键手段。通过电视、互联网、社交媒体等多种渠道，可以广泛传播河洛民居的图片、视频和故事，吸引公众的注意力，提高公众对其价值的认识。

（4）立法保护

应出台更多与文物保护相关的法律法规，加大宣传、增强意识，对河洛民居及其装饰纹样给予严格的保护，并严厉打击破坏行为。利用现代科技手段，如虚拟现实、增强现实等，模拟河洛民居的原貌，让公众在互动体验中了解和欣赏传统建筑及装饰的美。

（5）科研和创新

鼓励学者和专家对河洛民居装饰纹样进行深入研究，探索新的保护技术和方法，致力于传统工艺的传承与创新，如对传统砖雕、石雕、木雕、彩绘等装饰技艺的保护和修复。此外，建议探讨如何利用现代科技手段，如三维扫描和数字建模，对河洛民居装饰纹样进行精确记录和虚拟重建，以便于更好地保护和展示这些珍贵的文化遗产。同时结合现代设计理念，尝试将传统装饰纹样与现代设计元素相结合，创造出具有时代特色的新型装饰纹样，这种融合不仅有助于传统装饰纹样的传播和普及，还能够激发设计师的创造力，推动传统文化的创新发展。

5.2　民居装饰元素

河洛地区的传统民居装饰艺术形式丰富多样，主要由雕刻艺术、彩绘艺术、书法艺术和其他装饰元素构成。本节主要分析了各要素的特点及艺术表现。

5.2.1　雕刻艺术

河洛地区的雕刻艺术主要包括木雕、砖雕和石雕等，这些雕刻艺术不仅在技术上精湛，而且具有较高的艺术价值和历史价值。

1. 木雕

木雕技艺在河洛地区得到了广泛的传承和发展。孟津木雕是河洛地区木雕艺术的代表之一，它继承了传统的木雕技艺，并结合了本地的文化特色，形成了自己独特的艺术风格。孟津木雕在民居建筑中的应用尤为广泛，常见于门窗、梁架、家具等木质构件上。这些木雕作品不仅装饰美观，而且图案丰富多样，包括花鸟、人物、神话传说等，展现了深厚的文化内涵。

从技术层面来看，河洛木雕艺术以精湛的技艺著称，在雕刻形式和材料使用上都有所发展。雕刻艺人采用大小手锯、锛、刨、凿、斧、锉、堵条等工具，通过砍、刮、钻、铲、深浅雕、镂空雕等多种技法，创作出形态各异、栩栩如生的木雕作品。从文化和审美角度来看，河洛木雕艺术深受时代发展和社会文化的影响。从防腐与装饰来看，木雕在追求美观的同时，也注重实用性。河洛民居的四合院在木雕的防腐方面追求极致，通过先施"地仗"再用油漆进行防腐处理，既保证了木结构的耐久性，又增添了民居的色彩。

其中，河洛民居建筑装饰中的朱漆浅浮木雕门额，是一种深受当地文化和自然美学影响的艺术形式，这种装饰不仅体现了地方的传统工艺，也反映了对自然和谐与文化传承的重视。

2. 砖雕

砖雕艺术在河洛地区有着悠久的历史，其源头可以追溯到北宋时期。砖雕艺术从早期的应用于墓室壁面的装饰扩展到民居建筑中，成为河洛民居不可或缺的一部分。

河洛地区的砖雕艺术与其他地方的传统建筑装饰艺术相比，具有一些独特之处。首先，河洛地区的砖雕艺术在风格上更加注重精细和写实，常常采用浮雕、透雕等手法，使得图案立体感强烈，细节丰富。而且墙体和门墀头的材料多使用青砖，并辅以砖雕进行装饰。青砖的厚重和门墀头上的砖雕图案清晰明朗，多重变化互相衬托，体现了河洛民居的独特风格。其次，河洛地区的砖雕艺术在题材上更加广泛，有龙凤呈祥、三阳开泰等寓意吉祥的图案，以及山水、花卉、人物等自然景物和社会生活场景，这些题材不仅体现了河洛地区丰富的文化内涵，也反映了人们对美好生活的向往和追求。河洛民居的砖雕艺术在风格上独具特色，如采用特殊的烧制技术和釉色配方，使得砖雕作品色彩鲜艳、质感细腻，具有中原文化的典型特征。其构图严谨、造型生动、线条流畅，展现出一种古朴典雅、气韵生动的艺术风格。这种风格不仅体现了河洛地区人民对传统文化的传承和发扬，也展现了他们对艺术的独特理解和追求。

河洛民居的砖雕艺术广泛应用于民居建筑的各个部位，如门楼、屋脊、影壁、廊心壁等。在这些部位上，砖雕不仅起到了装饰美化的作用，也寄托了人们对家庭和谐、事业顺利的美好祝愿。例如，门楼上的"福"字砖雕，寓意福气临门；屋脊上的双龙戏珠，象征着权力和财富的汇聚。同时，砖雕还蕴含着一定的哲理和教化意义，例如，一些砖雕作品通过描绘神话传说和历史故事来传达忠孝节义等传统美德。

3. 石雕

河洛地区石材资源较为丰富，石材以其坚固耐久的特性被广泛应用。如台阶、柱础等，这些石构件不仅具有实用功能，还通过雕刻精美的图案增添了民居的艺术气息。石雕艺术主要体现在门楣、窗棂、栏杆、石阶等部位，作品常见的题材包括龙凤、狮子、花卉、人物故事等，这些图案不仅具有装饰作用，还体现了河洛地区的历史文化和民俗风情。

石雕的主要表现形式有：

（1）门楣石雕

门楣石雕是河洛民居中常见的装饰元素，通常被雕刻成各种神兽或者神话人物的形象，以此来驱邪避凶，保护家人平安。在封建社会，房屋的大小、装饰的华丽程度往往能够反映出主人的财富和地位。门楣石雕的材质、雕刻技艺和复杂程度等都成为衡量一个家庭社会地位的重要标准。精美的门楣石雕往往意味着主人家境殷实，品位高雅，雕刻有吉祥图案或者寓意深远的文字，如龙凤呈祥、福禄寿喜等。

（2）窗棂石雕

窗户周围的石雕也是一大特色，它们不仅起到装饰作用，还能增加窗户的结构稳定性。首先，窗棂石雕通常位于窗户下方或者两侧，它们通过与墙体的连接，增加了墙体的整体刚性，有助于抵抗风压和地震力的作用。其次，石雕的重量也能对墙体起到一定的压重作用，提高建筑的稳定性。在石雕的制作过程中，工匠们会根据实际情况调整石材的形状和大小，以确保其能够适应不同的建筑结构，从而达到最佳的装饰效果和稳定性。窗棂石雕多采用对称或不对称的几何图形，以及自然景观如山水、花鸟等。

（3）石狮石雕

石狮是作为守护和平、辟邪和带来好运的象征，在古代一般只有皇帝和贵族才能拥有石狮，因此它们成为权力和地位的象征。其次，石狮也被认为是辟邪的神兽，河洛地区富贵人家的府邸和豪宅门前常摆放石狮子，象征驱赶邪恶势力，保护人们免受灾难和不幸的影响。石狮的造型多样，既有威武雄壮的狮子形象，也有温文尔雅的狮子形象。石狮的雕刻工艺非常注重细节的处理，线条流畅自然，无论是粗犷的线条还是细腻的线条，都能够准确地表现出狮子的肌肉结构和毛发质感，狮子的眼睛、嘴巴、鼻子还是爪子，都刻画得十分精细。这些细节的处理不仅增加了石狮的观赏价值，也让观众更容易产生共鸣。

（4）石阶石雕

石阶两侧的石雕也是河洛民居的一个特点，石阶石雕通常采用简洁的线条或花纹进行雕刻，这种设计既美观大方，又符合我国传统审美。此外，有些石雕会采用更为复杂的图案，如神话传说中的人物或动物，这些图案往往具有特定的象征意义，反映了当地人民的信仰和价值观。石阶石雕在河洛民居中的作用除了装饰外，还具有实用性和象征意义。首先，石阶石雕在河洛民居中起到了重要的实用作用。它们通常被用作楼梯或台阶，方便人们上下楼或进出房屋。

通过这些石雕作品，可以窥见古人的审美观念、宗教信仰和社会风俗。同时，为传承河洛民居的石雕艺术，一方面可以通过传统工艺的学习和实践，培养新一代的石雕艺人，使这门古老艺术得以延续。另一方面，可以通过数字化技术手段，如三维扫描和打印，记录和复制石雕艺术品，以便更广泛地传播和展示。同时，结合现代设计理念，创造出具有时代特色的石雕艺术品，既保留传统精髓，又满足现代人的审美需求。

5.2.2　彩绘艺术

河洛地区的彩绘艺术作为中国绘画的发源地之一，在历史的长河中形成了独特的风格和传统，涵盖壁画、彩画以及斗拱彩饰等多个方面。

1. 壁画

河洛地区的壁画艺术最早可以追溯到约9000年前的贾湖骨笛及相关遗存，这些遗存中出现了阴阳爻卦象，这可能是早期壁画艺术的雏形。此外，《史记·封禅书》提到的《河图》和《洛书》，虽然主要是文献记载，但也反映了河洛地区在古代对于图像和符号的重视。河洛地区的壁画艺术源远流长，早在汉代就已经有了成熟的墓室壁画和画像石，如汉代四神图像（青龙、白虎、朱雀、玄武）在河洛地区广泛流行，这些图像不仅出现在墓葬中，还出现在建筑和生活用品上。这些壁画不仅蕴含了深厚的宗教信仰和哲学思想，还展示了当时的社会生活、宗教信仰、高超的艺术技巧和丰富的想象力。例如，洛阳汉墓壁画以其古拙的艺术风格和娴熟的技法描绘了墓主人的生活场景以及各种神话故事，在中国美术史上占有极其重要的地位。以洛阳八里台汉墓壁画为例，其壁画呈梯形，画面高0.74m，长2.41m，砖厚0.14m，由四块空心砖合成。

此外，隋唐时期的壁画艺术无疑是中国古代艺术史上的一个高峰，尤其在道释人物画和青绿山水画方面取得了显著的成就，反映了当时社会的多元文化和宗教信仰的繁荣。通过壁画，可以窥见隋唐时期人们的日常生活、宗教信仰、审美观念以及社会风尚。

2. 彩画

在北宋时期，人们通过逼真的建筑彩绘及彩画构建居室，以提供舒适的生活环境。河洛地区的彩画艺术在早期的几何形、如意形纹样的基础上，逐渐将如意纹、卷云纹、旋子等纹样反复层叠，结合锦纹、莲花纹、涡旋纹等，形成了丰富多样的装饰效果。色彩多采用青绿叠晕，红色点缀，形成了较为繁密的装饰风格，形成各种各样的精美的图案和符号，如山水、花鸟、人物故事等，被广泛应用于建筑的屋顶、柱子、斗拱、室内装饰等位置，寄托了人们对美好生活的向往和追求。彩画被应用于屋顶的屋脊、飞檐以及屋面的装饰板上，这些部位通常采用鲜艳的颜色和复杂的图案，以增加建筑的视觉冲击力和艺术效果。在墙体上，彩画多用于门窗周围、檐口下方以及墙面的装饰条上，这些部位的彩画通常采用对称或重复的图案，以突出建筑的结构特点和装饰美感。在一些重要的公共建筑或宗教建筑内部，彩画也被广泛应用于天花、隔断墙、屏风等部位，这些部位的彩画通常更加精细和华丽，以营造庄重、神秘的氛围。除了上述常见部位外，彩画还可能被应用于建筑的基座、栏杆、门楣等部位，这些部位的彩画通常采用简洁明快的图案，以增强建筑的整体感和协调性。

此外，彩画艺术的发展对现代绘画有着较大的影响。首先，河洛地区彩画艺术的色彩运用丰富对现代绘画的色彩观念产生了影响。现代画家们在创作过程中，更加注重色彩的表现力和情感表达，尝试运用各种色彩组合和对比，创造出更加丰富多彩的画面效果。其次，河洛地区彩画艺术强调线条的流畅和节奏感的手法也对现代绘画产生了影响。现代画家们在创作过程中，也更加注重线条的表现力和节奏感，通过线条的变化和运动，营造出动态感和空间感。最后，河洛地区彩画艺术的主题选择和表现手法也对现代绘画产生了影响。这种常常描绘自然景色、人物形象和生活场景的彩画，通过细腻入微的刻画和生动的表现，传达出深刻的思想和情感。现代画家们在创作过程中，也更加注重主题的选择和表现手法，通过深入挖掘和探索，创造出更加具有内涵和感染力的作品。例如，唐三彩作为河洛地区特有的陶瓷艺术形式，不仅在历史上有着重要的地位，而且在现代也被广泛应用于各种装饰品和艺术品中。唐代三彩以其独特的釉色和造型，展现了唐代社会的繁荣和开放，成为研究唐代文化和艺术的重要物证。

3. 斗拱彩饰

斗拱是我国传统木结构建筑中的一种重要承重结构构件，它位于屋顶与柱子之间，起到支撑屋檐并传递重量的作用。在河洛地区的民居中，斗拱不仅具有实用功能，其彩饰还被赋予了丰富的艺术装饰意义，这种双重性不仅体现了中国古建筑的实用主义精神，也展现了其深厚的文化内涵和审美追求。斗拱彩饰在设计上融合了丰富的纹样和色彩，其纹样多样，色彩鲜明，常用青绿叠晕和红色点缀的手法，这种色彩搭配不仅美观大方，而且能够突出建筑的层次感和立体感。斗拱彩饰的纹样和色彩与彩画有着密切的联系，它们之间相互呼应，共同构成了河洛地区古民居的装饰风格。

在河洛地区的古民居中，斗拱彩饰广泛应用于各种建筑类型，如合院式民居和窑洞式民居。河洛地区的斗拱彩饰在纹样和色彩上与彩画相似，斗拱彩饰通常采用青绿叠晕和红色、黄色、绿色、蓝色、白色等颜色进行点缀装饰的手法，形成了与彩画相协调的装饰风格。红色代表喜庆和吉祥，常用于宫殿、庙宇等重要建筑的斗拱彩饰中，寓意繁荣昌盛和幸福安康。黄色象征皇权和尊贵，常用于皇家建筑的斗拱彩饰中，表达对皇帝的尊崇和忠诚。绿色代表生机勃勃和自然和谐，常用于园林、寺庙等建筑的斗拱彩饰中，寓意生命的延续和生态的平衡。蓝色代表宁静和深远，常用于山水画、诗词等艺术作品中，表达对大自然的敬畏和向往。白色则象征纯洁和高尚，常用于文人雅士的书房、居所等私人空间的斗拱彩饰中，表达对知识和智慧的追求。

斗拱的装饰功能随着时代的变迁而变化，在唐宋时期，斗拱更多地被用于装饰目的，体现了当时人们对于美的追求和审美趣味。而在明清、近现代，斗拱的装饰功能有所减弱，但仍然承载着丰富的文化象征意义，特别是等级地位的象征，斗拱的大小反应了建筑的等级，斗拱彩饰的精细程度和复杂程度反映了主人的社会地位和财富状况。现代建筑技术已经大大超越了传统斗拱彩饰的实用功能，但斗拱彩饰作为我国传统文化的重要组成部分,其独特的艺术魅力和文化价值仍然被广泛应用于现代建筑设计中。它的使用不仅能够增添建筑的艺术美感,还能够传承和弘扬中华民族的优秀传统文化。在洛阳,许多新建的公共建筑和旅游景点都会采用斗拱彩饰作为装饰元素,以此来展示该地区丰富的历史文化底蕴。这些变化反映了不同时期人们对美的理解和追求的变化,也体现了我国传统建筑文化的连续性和发展性。

5.2.3 书法艺术

河洛民居中常见的书法字体有楷书、行书、草书和篆书。这些字体各有其特点和应用场景。其书法艺术的表现形式深受地域传统文化的影响,主要体现在对联、匾额和题刻等方面。

1. 对联

对联是书法艺术的重要载体,常悬挂在门楣的两侧。用以表达屋主的志向,内容涵盖了修身、治家、孝悌、教子、经商、为官等多个方面,旨在教育后代和传承家族文化。书法家根据对联的内容选择合适的字体和书写风格,使得每一副对联既有文学价值,又有艺术美感。在河洛民居中,楷书因字形规整,笔画清晰,结构严谨,易于辨认和学习,常用于匾额、对联、碑刻等处,以展现庄重典雅的气质。例如,在康百万庄园崇信义厅外书写的"人法地地法天天法道道法自然,诚则信信则交交则活活则生财",上联出自老子《道德经》,强调了人与自然的和谐相处,下联强调了诚信经商的重要性。

首先,河洛地区的对联在语言风格上更加注重平实、质朴,反映出该地区人民朴实无华的生活态度和价值观念,如"友以义交情可久,财从道取利方长";其次,河洛地区的对联在内容上更倾向于表现当地的风土人情和历史文化,河洛文化、中原文化等,如康百万庄园的大门对联"富甲神州帆影物流三千里,德崇河洛光风霁月四百年";最后,河洛地区的对联在书写形式上也有一定的特色,如楷书、行书等书法字体,它们常用于题词、诗文等场合,注重对联的对称、平衡和韵律等,这些都体现了河洛地区书法艺术的独特魅力,以及文人墨客的情感和意境。

对联作为书法艺术的载体,其书写讲究对称、平衡和韵律,展现了汉字的形体美和意境美。书法家通过对字体的巧妙运用和墨色的调配,使得每一副对联都成为一件艺术品,不仅美化了居住环境,也提升了居住者的审美情趣。

2. 匾额

匾额是悬挂在门上方或墙壁中央的横匾，上面书写着宅名、人名或格言警句，如"河洛康家""贤孝可风"等。通过匾额，可以窥见主人的文化修养和审美趣味。在河洛地区的传统民居中，匾额不仅是的装饰品，它还蕴含着深厚的文化意义和社会功能。匾额上的文字往往包含了对家族成员的期望、对社会道德的倡导或是对美好生活的祝愿，其类型有"文元裕"的商号匾，"伟略运筹"的贺匾等。书法字体选择多样，既有楷书、隶书等字体，也有行书、草书等自由奔放的字体，而且雕刻工艺精湛，形态各异，使匾额更加生动有趣。此外，匾额的设计和制作也体现了极高的工艺水平和审美追求，反映了河洛地区居民的生活态度和文化品味。

在内容和风格上，不仅传达了吉祥、美好的寓意，还体现了家族的道德观念和文化传统。河洛地区的匾额具有独特的地域特色，以康百万庄园为例，该庄园内有许多匾额如"义阙仁里""慷慨乐善""轻财义举"等，和庄园内的对联一样，劝谕子孙厚德行善。其中，"留余匾"更是体现了康家世代尊崇的耕读传家的思想和中庸内敛的处世哲学，其上留余于天，下留余于地，体现了康家对天地造化、朝廷、百姓和后世子孙的敬重与责任。

随着时间的推移，匾额变成了一种综合的艺术形式，它不仅展示了河洛地区丰富的文化遗产和艺术成就，也反映了当地人民的生活方式和精神世界，可以更加深入地理解河洛地区的文化传统和社会变迁。

3. 题刻

题刻是在石材、砖瓦等材料上雕刻文字的艺术形式，它们通常出现在门楣、窗棂、梁架等位置，有时也会单独构成墙面的装饰。题刻的内容多种多样，有的是诗词歌赋，有的是吉祥话语，有的则是家族的族谱或家训，书法风格从古朴的篆书、隶书到流畅的楷书、行书，都有体现。

在孟津的魏氏古民居，题刻中常见的"德""孝""悌"等字眼题刻内容包含修身、治家、孝悌、教子、经商、为官等多个方面，"志欲光前惟是读书教子，心存裕后莫如勤俭持家"的题刻，就是告诫家族成员要注重教育和节俭，传承家族的优良传统。这些题刻不仅起到了装饰作用，也反映了当时社会的文化水平和人们的精神追求。

5.2.4 其他装饰元素

河洛民居的窗花、门楣、家具装饰等元素中，也有其独特文化魅力的表现。

1. 窗花

在河洛地区窗花不仅是一种装饰物，还具有多种地域特色和民俗意义。在河洛地区，窗花艺术融合了当地的历史故事、民间传说以及自然景观等元素，通过雕刻、剪纸等形式展现出来，既美化了居住环境，又传递了深厚的文化内涵。在洛川县过年时家家户户都会在贴上窗花，寄托了人们辞旧迎新、接福纳祥的愿望，希望新的一年能够平安、顺利和幸福。窗花的内容往往与吉祥、喜庆、祈福等主题相关，如"牡丹富贵"和"喜鹊登梅"等纹样。此外，窗花的布局形式也讲究阴阳互补、五行相生等原则，这体现了河洛地区人民对宇宙自然和社会人生的深刻理解和认识。

随着时代的变迁和社会的发展，河洛地区的窗花艺术也面临着传承与发展的挑战。一方面，随着现代化进程的加速和人们生活方式的改变，传统窗花艺术的生存环境逐渐消失；另一方面，一些年轻人对传统文化缺乏了解和兴趣，这也导致窗花艺术的传承面临困境。

2. 门楣

门楣作为连接室内外的重要结构，其装饰和美化作用不容忽视。河洛民居的门楣研究包括材质、样式、装饰元素以及它们所蕴含的文化寓意，例如，门楣上的雕刻和彩绘常常包含了吉祥的符号，龙凤呈祥、牡丹富贵、莲花等，这些符号不仅美化了门楣，还寄托了人们对美好生活的向往和祈愿。此外，河洛民居的门楣多采用木材或石材等材质，经过精细的雕刻和打磨，达到精美的装饰效果，雕刻工艺精湛，线条流畅，图案精美，具有很高的艺术价值。

在河洛民居中，门楣的设计和雕刻差异体现了家族的地位、身份、文化修养以及家族的荣耀和历史。高阶文官的门枕石上雕刻狮子，显得庄重威严。而低阶文官和普通百姓家的门楣则相对简单朴素，没有过多的装饰和雕刻。这种等级差异不仅体现了当时社会的等级制度，也反映了河洛文化对家族荣誉和社会地位的重视。门楣在布局上形式讲究对称和平衡，常常采用中心对称或左右对称的布局方式，这种布局形式不仅使门楣看起来更加美观大方，更代表了古代建筑师的审美追求和技艺水平。门楣的高度和宽度通常会根据房屋的整体比例来确定，在尺寸和比例上与民居建筑的比例协调，符合"中庸之道"，体现了河洛文化对和谐、统一的追求。而且，古代居民认为门楣的位置和方向能够影响家庭的运势和财运，在设计时，人们会根据经验来选择最佳的位置和方向。

3. 家具装饰

河洛地区的家具装饰设计融合了木雕、彩绘等技艺，以及丰富的传统文化元素，美观且实用。在家具装饰设计上，河洛地区采用了木雕和彩绘等精湛工艺，将传统的吉祥图案如莲花、蝙蝠等巧妙地融入其中。这些图案不仅具有装饰性，更寓意吉祥、幸福与和谐，旨在营造一种温馨和谐的家庭氛围。同时，家具设计与建筑风格相互协调，注重简洁而朴实的艺术效果。这种设计风格不追求繁琐纤细的装饰，而是强调整体的和谐与统一。例如，家具的色彩和线条处理与建筑的墙面装饰、屋顶形式等相呼应，形成了统一和谐的视觉效果。

在雕刻方面，河洛地区的家具多采用简洁明快的图案，这些图案富含吉祥寓意，如雕刻缠枝牡丹等，表达了房屋主人对美好生活的向往和追求。此外，河洛地区的家具设计还注重天然材料的运用。通过选用石材和木材等天然材料，不仅体现了人们对自然和环境的尊重和珍视，更使得家具本身具有了独特的质感和韵味。木材是家具设计中最为常见的材质之一，具有天然纹理和质感，能够营造出温馨自然的氛围。金属则以其具有坚固耐用和现代感强的特点受到许多人的喜爱，常被用于制作家具的框架和配件。石材和玻璃则以其独特的光泽和质感，为家具增添了高贵典雅的气质。此外，纺织品也是家具装饰中不可或缺的元素，可以用来制作沙发套、窗帘、床单等，为家具增添柔软舒适感。

5.3　材料与工艺

河洛地区的传统民居建筑是中国古代建筑艺术的重要组成部分，其材料与工艺不仅反映了深厚的历史文化底蕴和地域特色，也体现了当地人民的生活方式和审美观念，承载了丰富的历史文化信息。本节将从重要性、材料、工艺和美学贡献四个方面，对河洛传统民居建筑进行深入探讨。

5.3.1 重要体现

材料与工艺在河洛民居建筑中扮演着至关重要的角色，它们不仅决定了建筑的物理特性和耐久性，还深深影响了建筑的风格和美学表现。

首先，河洛地区以丘陵和山地地貌为主，石材资源丰富。这种独特的地理条件决定了河洛民居建筑以石材为主要砌体材料，形成了具有地域特色的建筑风貌。同时，石材的坚固耐用性也确保了民居建筑的稳固性、耐久性和安全性。在对层台式锢窑的保护修缮中，巩义的泰茂庄园采用了三层平板式封窑和三层平面洞穴式的建筑结构进行修缮，这种结构的稳定性得益于所选用的材料和建造技艺。而且，木材、石材等都是常用的建筑材料，每种材料都有其独特的性能和适用场景。木材因其轻便、易于加工和良好的保温性能而广泛应用于屋顶和梁架结构。石材坚固耐用、美观大方常用于墙体和地面材料，同时，它还有良好的隔声和保温效果，使得民居建筑更加宜居。此外，在经济条件不富裕的情况下，民居也常常使用白灰来刷墙，这种材料不仅成本低廉，而且具有一定的防潮和保温效果。材料在河洛民居的艺术表现上也扮演着重要角色，河洛民居在色彩设计上也充分考虑了材料的特性。如木材的温暖色调和石材的冷峻质感相互映衬，使得河洛民居既显得温馨舒适，又不失庄重典雅。而且，人们也善于利用自然材料，遵循"阴阳五行"理论，讲究色彩搭配和谐统一，通过红、黄、蓝、绿、白等基本色调的合理运用，形成一种和谐统一的视觉效果，创造出各种精美的建筑元素。这种色彩搭配不仅体现了自然美，也符合人们的审美习惯。同时，色彩的运用非常讲究层次感，从屋顶到墙体，再到门窗、栏杆等细节部分，色彩逐渐过渡，形成丰富的层次感。这种设计手法使得整个建筑既有整体感，又不失细节之美。此外，色彩设计还蕴含着深刻的文化寓意，如红色代表喜庆和吉祥，黄色象征权力和尊贵，蓝色则寓意宁静和深远。这些色彩的寓意不仅体现了当地人民对生活的美好祝愿，也反映了他们对自然和宇宙的敬畏之情。

其次，河洛民居建筑在建造过程中采用了多种工艺和技术，如榫卯结构等。这些工艺和技术不仅保证了结构的安全，使得民居建筑能够经受住风雨的考验，而且直接影响到河洛民居的精细程度和艺术表现力。传统的建筑技艺，如雕刻、彩绘、镶嵌等，都能赋予建筑独特的艺术魅力，在工艺上追求美观与协调，注重细节处理。

比如，在屋顶设计上，采用了飞檐翘角等装饰元素，使得建筑更加美观大方。装饰元素的设计也寓意对传统文化的尊重和传承，如木雕工艺可以在梁架、门窗等部位创造精美的图案和纹饰，增添建筑的装饰效果；彩绘工艺则可以在墙壁、天花等部位绘制丰富多彩的画面，营造出浓厚的艺术氛围；镶嵌工艺则可以在地面、墙面等部位嵌入彩色瓷砖或玉石，形成华丽的装饰效果。

此外，材料与工艺的结合还体现了河洛地区的地理环境和气候特点。由于河洛地区雨水充沛，民居建筑在材料和工艺上需要具备良好的防水性能。因此，屋顶通常采用斜坡设计，以便雨水迅速流走，墙体和屋顶采用防水性能好的材料，如青砖、灰瓦等。同时，在建造过程中，工匠们会采用防水工艺，如设置防水层、铺设防水材料等，以确保建筑在雨季的安全性。在寒冷的冬季，河洛民居建筑在材料和工艺上注重保温性能，墙体和屋顶通常采用厚重的材料和双层结构，如采用实心砖或石块作为墙体的材料，并在墙体内部设置保温层，这种设计可以有效地阻挡外界寒风的侵袭，提高室内保温效果。而且，石材不仅用于建筑墙体砌筑，还可以雕刻出各种图案，增加建筑的美观性。此外，在屋顶设计中，也会采用双层或多重结构设计，以增强保温效果。

由此可见，河洛民居建筑中的材料与工艺使用，体现了古代居民的智慧、创造力和尊重自然、合理利用自然资源的态度，也反映了当时社会的经济发展水平和技术水平。这些工艺和技术在传承过程中得到了不断发展和完善，成为河洛民居建筑文化的重要组成部分。

5.3.2　建筑材料

河洛地区的自然环境为建筑材料的选择提供了丰富的资源，是其独特建筑风格和文化特色的物质基础。本部分探讨了河洛地区传统民居在建筑材料选择上的特点及其背后的文化意义。

1. 丰富的地域性材料构成

河洛地区的地理环境为当地居民提供了大量的原始材料，这些材料不仅易于获取，而且具有良好的建筑性能。以下四种构成河洛民居特殊的建筑材料。

（1）土材料。包括黄土、冲积物、洪积物等，这些土壤类型与河洛地区的自然环境与地貌特征密切相关。

①黄土。主要分布在河洛地区的黄土高原上，来源于黄河和洛

河的冲积作用的积累，这种土壤具有深厚的耕层、良好的土层构造，以及丰富的有机质和养分，天然抗旱、保水保肥能力强，适合农作物的种植。在建筑方面，黄土是建筑工程中的主要材料，其直立性特点，具有良好的稳定性和可塑性，使得人们能够在丘陵、山区建造窑洞，这些窑洞冬暖夏凉，非常适合人们居住。黄土也可以作为坝体的材料和墙料，用于建造各种规模的土坝和土石坝。

②冲积物。主要分布在河流两侧的冲积平原上。由于其颗粒磨圆度好，易于加工和塑形，因此可以用于生产建筑材料和陶瓷产品，制成各种规格的砖块、瓦片、瓷砖等建筑材料。在园林绿化和生态修复中，冲积物可以用来制作花坛、步道、假山等，其自然的色泽和质感能够增添园林的美感，也可以用于恢复受损土地的生态功能，如湿地恢复、河岸防护等。此外，河洛地区的陶土资源丰富，经过高温烧制，可以制作出具有独特质感和色彩的陶瓷产品，如餐具、装饰品等。这些产品不仅具有实用价值，还具有一定的艺术价值，深受消费者喜爱。

③洪积物。是在洪水期间由河流携带的大量碎石和泥沙沉积形成的。在洛河下游盆地，洪积物覆盖了较厚的层位，这为该地区的土壤形成提供了重要的物质基础。其特点是颗粒较粗，磨圆度不佳，但承载力一般较高。由于其特殊的地理环境和地质条件，洪积物也被用于地基处理和基础建设。

④红色松散物。在洛河的一些河岸上，可以发现红色松散物，这些物质通常与河流的侵蚀和沉积作用有关，主要成分是红色砂岩和泥岩等沉积岩类物质。红色砂岩和泥岩经过破碎和筛选后，可以作为制作红砖的原料。红砖具有良好的保温隔热性能，且成本相对较低，在当地民居建筑中广泛应用。此外，红色松散物因其独特的材质、色泽和纹理，可以作为混凝土的骨料使用，提高混凝土的抗压强度和耐久性，还可以赋予一定的色彩效果而被用作室内外装饰材料。例如，红色砂岩板材可以用于墙面、地面的装修，而红色泥岩则可以加工成瓷砖。

（2）石材。河洛地区石材数量多，品质优，资源丰富、质地坚硬、耐磨性强、色泽美观，为当地民居建筑提供了得天独厚的材料基础。包括石灰岩、花岗岩、砂岩和板岩等。

①石灰岩。在河洛地区，石灰岩是最为常见的石材之一，其质地不纯粹，经过打磨后，可以展现出独特的纹理和色泽，主要用于生产水泥、石灰和砂浆等建筑材料。石灰岩经过煅烧后可以制成石

灰，再与砂子混合即可制得砂浆，还可以用来制作砖块、瓦片等建筑材料。石灰石常被用于制作墙体、窗台、门槛和楼梯等，其材质的坚硬和耐久性使得这些元素能够承受重压及频繁使用而不受损坏。例如，作为中国最早的佛教寺院之一，白马寺的建筑也大量使用了石灰石，用来建造寺庙的墙体、柱子和屋顶，形成了独特的建筑风格。石灰岩的颜色多为米黄色和暗紫色，加之纹理的多变，常被艺术家切割成各种形状，用于雕塑和装饰品的制作。

②花岗岩。作为一种硬度较高的火成岩，花岗岩颜色多变、纹理多样，可满足不同建筑风格和结构的需求，广泛应用于建筑装饰和雕塑领域，如室外墙面裙、台阶、雕塑、地板等。此外，花岗岩还可以用于制作建筑外墙、屋顶和各种建筑配件，如门窗框、楼梯扶手、栏杆等，不仅可以提高建筑的美观度，还可以增加建筑的实用性和安全性。

③砂岩。由砂粒紧密结合而成，具有较高的硬度和抗压强度，使得它们成为制作建筑石材的理想选择，广泛应用于河洛地区的古代建筑中，可作基石、柱子、梁架等结构部分，如在立柱上的雕花装饰。此外，砂岩质地细腻、颜色多样、纹理美观，也常被用作建筑的墙面、地面等装饰材料。在古代宫殿、庙宇、陵墓等建筑中，常可以看到用砂岩雕刻而成的精美浮雕、壁画等装饰元素，这些装饰元素不仅美化了建筑外观，也体现了古代工匠高超的技艺和深厚的文化底蕴。

④板岩。是一种变质岩，由泥岩或粉砂岩经过高温高压作用形成，具有良好的耐磨性和防滑性，常被用于制作屋顶瓦片和地面铺装材料，能够有效保护木结构建筑免受风雨侵蚀，延长建筑寿命。板岩颜色多样、表面具有天然的纹理和美丽的花纹，适合用于建筑外墙的装饰和雕刻艺术品。同时，板岩具有良好的隔热保温性能，有助于调节室内温度，提高居住舒适度。

石材坚固耐用，能够抵御自然风雨，在河洛地区民居建筑中作为主要的砌体材料被广泛使用，形成了河洛地区独特的建筑风格和特色。

（3）木材。河洛地区的气候条件适宜多种树木生长，种类繁多，其中硬木主要有榆木、水曲柳、核桃木、楸木等，以及桐树、椿树等特有树种。这些树种具有硬度高、耐磨、纹理美观等特点，适用于建筑装饰和家具制作。硬木建筑作为一种传统的建筑方式，其独特的风格和文化价值仍然受到人们的喜爱。首先，硬木建筑采用榫卯结构，具有很好的耐久性和稳定性，其材质坚硬、密度大、强度高，在使用过程中不易变形、开裂，常用在斗拱、飞檐等位置，不仅增加了建筑的视觉效果，还有助于排水和通风；其次，硬木材质本身具有天然的纹理和色泽，经过精细的加工和打磨，可以制作出各种精美的家具和装饰品，可用于雕刻、彩绘等装饰，进一步增强其美观度，还能够反映出当地的文化和历史背景。最后，由于选用松木、柏木等硬木材料，其具有很好的环保性和再生性，减少了对环境的污染，实现了可持续发展，符合现代社会对于绿色环保的要求。

除了建筑本身，木材还被广泛用于制作家具。榆木家具价格适中，硬度适中，易于加工，适合制作各种传统家具款式；松木家具轻盈、柔软，具有良好的保温性能，适合制作儿童家具或夏季家具；核桃木家具色泽深沉，纹理清晰，硬度高，耐磨耐用，是制作高档家具的优质材料。

（4）土坯与麻扎泥。土坯是一种古老的建筑材料，把黏土放在模型里制成的土块，经过压制和干燥后形成砖块状的结构。土坯的优点在于取材容易、成本低廉，而且具有良好的保温性能，缺点是强度相对较低，耐久性不如石材和砖块，容易受到风化和侵蚀的影响。土坯材料有一定的装饰作用，可以用来制作墙面、地面等装饰品，增加建筑的美观度。在一些古建筑的修复工程中，河洛民居土坯可以被用来替换损坏的部分，保持古建筑的原貌和历史感。例如，在孟津区城关镇的清代才子张玉麒故居依然保持着窑洞型民居的特色，其中部分墙体采用土坯材料建造，需要每年定期检查和修缮。

麻扎泥（偃师方言，即麦秸泥）是一种以黄土和麦秸秆混合而成的建筑材料，因用料便宜、工艺简单而普遍存在于河洛地区的建筑中。麻扎泥墙优点是轻便、结实、经济，易加工，具有一定的防水性能，常被用于宅院的围墙和承重量较大的房屋山墙。同时，麻扎泥的制作过程不产生污染物，材料可自然降解，还具有良好的保温隔热性能，因此特别适合建造民居。它的缺点是视觉效果不如砖墙，且强度相对较低，不适用于承重结构，容易受到潮湿和微生物的侵害。

（5）砖瓦。河洛地区的砖瓦历史悠久，早在新石器时代晚期，人们就开始使用黏土烧制陶器和砖瓦。这些早期的砖瓦多用于建筑的基础和墙壁，后来逐渐发展出各种形状和装饰风格。在汉代，砖雕艺术已经相当成熟，出现了精美的砖雕壁画和浮雕。唐宋时期，砖瓦的使用更加广泛，不仅用于宫殿、寺庙、园林等大型建筑，也用于普通民居。明清时期，砖瓦的制作技术进一步提高，出现了彩色琉璃瓦和雕刻精细的砖雕。

随着时间的推移，砖瓦在建筑中的应用越发广泛，不仅用于建筑的基础，也用于屋顶、地面、墙面等部位，兼具承重性能和隔绝外界环境的作用，提高居住环境的舒适度。在屋顶的铺设中，采用不同大小和形状的砖瓦，可以创造出丰富多样的屋顶造型，增强建筑的美观性和艺术性。砖瓦的种类繁多，包括青砖、红砖、琉璃瓦、彩砖等，每种砖瓦都有其特定的用途和特点。青砖和红砖具有良好的耐压性和耐久性，常用于建筑的基础、墙壁或地面，青砖白灰缝的构造使得砖墙不仅结实，而且美观，青砖铺设地面，防滑又耐磨，具有较好的装饰效果；琉璃瓦和彩砖因色彩鲜艳、图案多样，可雕刻花纹，常用于屋顶和墙面，能够增加建筑的美观性。

2. 乡土材料的优化设计与应用

随着现代化进程的加快，人们开始更加关注和重视传统民居在城市建筑发展与传承中的价值，特别是在材料、形式和工艺方面的创新研究。对于河洛地区而言，其乡土材料在建筑行业的发展与应用中同样面临着新的挑战和机遇。为了提高建筑质量和居住舒适度，同时保护和传承地方文化，研究者们正在探索各种方式优化乡土材料的应用。例如，通过改进传统的夯土技术，结合现代建筑材料和施工方法，可以提升建筑的耐久性和抗震性能。一是可以采用钢筋混凝土框架结构与夯土墙体相结合的方式，这种混合结构既保留了夯土材料的环保和节能优势，又提高了建筑的整体稳定性和承载力；二是可以利用现代加固技术，如碳纤维加固、钢丝网加固等，对夯土墙体进行加固，从而提高其抗震性能；三是可以采用新型防水材料和防腐处理技术，提高夯土建筑的耐久性。这些技术的应用不仅能够保护传统建筑文化遗产，还能满足现代居住的安全和舒适要求。

通过现代设计手法对乡土材料进行深入的分析和研究，探索其在乡村改造中的具体应用方法，用科技力量在保护继承、新旧融合、功能置换等方面诠释河洛传统文明，不仅能够提高当地村民的文化认同和归属感，还能提升旅游者的体验感。

（1）乡土材料的选择和应用是乡村改造的基础。乡土材料具有节约成本、提高生态效益、传承地域文脉的特性。在乡村景观设计中，应充分并合理地使用乡土材料，合理搭配其他材料及元素，控制配比，遵循可持续性原则、创新性原则、地域性原则。例如，洛阳市魏坡村景区改造"魏坡·新序"项目，是民居景观改造的成功案例，以魏家坡古民居建筑保护与活化再利用为基础，通过提取地域文化元素，使用现代新材料与现代景观、建筑形式相结合，对周边区域建筑进行改造与更新，形成了具有河洛地区文化元素的新乡土主义文旅度假村景观设计。

（2）新旧融合是乡村改造的关键。在乡村旅游开发中，乡土材料的再生设计研究表明，应利用乡村旅游开发中的经济消费优势、传播优势、技术和新材料引入优势，去改造和激活乡土材料，让其在乡村旅游生存发展中寻求一种新的思路。此外，乡土景观也强调了尊重自然、继承文脉、注重审美情趣的设计策略，将乡土材料融入现代建筑设计中，创造出具有时代感和地域特色的建筑作品。

（3）功能置换是提升乡村改造效果的有效手段。通过对传统村落的改造与遗产保护的研究，可以发现传统村落正逐渐走向消亡。因此，积极体现地域特色、重构归属感并注重人情味的空间尺度，对于打造出适宜且受居民喜爱的情感空间显得尤为重要。现代设计手法可以帮助我们将乡土材料与其他材料相结合，创造出具有独特美感和实用性的产品。例如，利用智能化技术改善乡土材料的性能与结构，将木材、石材等材料与金属、玻璃、塑料等现代材料相结合，创造出既具有传统韵味又符合现代审美的建筑和家具，使其更加适应现代生活的需求。

河洛地区的乡土材料的使用与优化应遵循以下几个原则：一是尊重和保护当地的文化传统和生态环境；二是通过科学研究和技术创新，探索乡土材料的新用途和新形式；三是注重乡土材料的生态可持续性和文化传承性；四是结合现代设计理念和技术手段，实现乡土材料的现代化应用。通过这些措施，可以有效地促进河洛地区乡村建设和文化旅游产业的发展，同时保护和传承地域文化。

5.3.3　施工工艺

河洛民居建筑工艺不仅展现了独特的审美观念和生活方式，更蕴含了丰富的历史文化内涵，在研究河洛民居建筑的施工特色和技术细节时，应关注以下两个方面问题。

1. 施工工具与技艺

民居建筑装饰在施工过程中使用了多种工具和技术，不仅体现了古代工匠的智慧，也反映了当地的文化特色。主要工具包括瓦刀、木尺、墨线、雕刻刀、抹子、博版、杵子等，这些工具在墙体施工和装饰作业中发挥着重要作用。

（1）瓦刀。这是一种传统的建筑工具，主要用于切割、修整瓦片以及涂抹和塑造泥灰等装饰材料，其形状和大小各异，以适应不同的施工需求。匠工在施工过程中，瓦片的铺设方式、搭接顺序以及与其他建筑材料的结合处理都至关重要。正确的施工技术不仅能保证瓦片的牢固性，还能提升整体的视觉效果。例如，河洛地区屋顶坡面的瓦片装饰施工，应确保瓦片安装质量，减少后期维护的成本；而在使用瓦刀砌墙时，用瓦刀将草泥摊开，应注意细节和要领处理，两边泥多点，墙中泥少些，两边离墙边要空出一寸来宽（约3.3厘米）不沾泥，特别是边缘的切割、接缝的处理等，这直接影响到最终的美观效果和使用功能。

（2）木尺和墨线。被用于测量和标记施工位置，确保装饰图案的准确性和对称性。木尺作为一种传统的测量工具，其在河洛地区建筑工程中的应用历史悠久，尤其是在需要精确测量和标记施工位置时。例如，T字形木尺划线法及其应用，以及施工多用尺的设计，都体现了木尺在提高测量精度和施工效率方面的作用。墨线则是一种通过拉动细绳或棉线，在材料上留下标记线，用于为施工提供准确的指导。这种方法简单有效，能够快速地在各种表面上留下清晰的标记，从而指导后续的施工工作。随着技术的发展和社会的进步，这些传统的测量工具逐渐被更精确、更标准化的工具所取代。然而，在很长一段时间内，木尺、墨线及其衍生的测量工具对于确保建筑物的结构安全和美学设计起到了不可或缺的作用。通过使用这些工具，工匠们能够精确地计算出所需的材料量，合理安排施工进程，从而保证了建筑物的质量和美观。这些工具在古代建筑工程中扮演了极其重要的角色，通过提供精确的尺寸和角度，确保建筑或装饰的对称性和准确性，它们不仅是技术进步的产物，也是文化传承的一部分。

（3）雕刻刀。它们是木雕和石雕等装饰艺术中不可或缺的工具，其设计和使用直接影响到作品的质量和美观。按照使用功能主要有平刀、圆刀、斜刀等，用于雕刻木、石等装饰材料上的图案和纹理，刀具有不同的形状和大小，以适应不同的雕刻需求。

（4）抹子。是河洛地区常用的建筑装饰工具，用于涂抹和抹平泥灰等装饰材料，确保装饰面的平整和光滑。抹子通常由木头或塑料制成，形状有平头、圆头、斜头等，每种都有其特定的用途。例如，平头抹子适用于大面积的涂抹和抹平工作，斜头抹子适合墙面和天花的交界处的装饰处理，而圆头抹子则更适合于细节处的处理。在建筑施工时，工匠们需要根据装饰面的材料和状态选择合适的抹子和涂料，掌握好力度和角度，确保涂抹的均匀性和平整性，以及随时观察装饰面的效果，及时进行调整和修正。

（5）博版（泥板）。它是建造泥板墙的重要工具，主要由侧板、挡头板、开合机构三部分组成。其独特的构造，巧妙的设计，使得泥板墙的建造过程既高效又精准。在建造泥板墙时，首先将两块侧板和一块挡头板组合成一个模子，然后在这个模子中填充泥料。通过调整挡头板的长度，可以控制墙体的厚度。当泥料填充完毕后，关闭开合机关，使泥料在模子内成型，随着泥料逐渐干燥和硬化，最终形成坚固的泥板墙。其优点是挡头板的长度可以根据需要建造不同厚度的泥板墙时随时调整，通过开合机关的灵活操作，可以快速构建和拆卸模子，提高建造效率，而且博版一般会选择强度和耐用性较高的材料，坚固耐用，不易损坏。

（6）杵子。是一种由木头或铁等制成的类似于捣蒜用的工具，用于捣实泥灰或草泥，主要是打墙过程中用于装土、摊土等作业。在河洛地区，打胡基（一种方形土坯）的传统工艺从古至今一直流传，在民居建筑的盖房、砌墙等制作中，将湿泥夯实成固定形状的土坯，土坯是构成房屋墙体的重要部分。而杵子作为这一工艺中的关键工具，通常是用青石制成，形状为高七寸左右（约23.3厘米）的正四棱的方体，底面稍大，边长七寸左右，上面稍小，四侧面为梯形，重十千克左右，这样的设计既保证了其足够的重量来夯实泥土，又便于操作。对于许多河洛地区的居民来说，使用石杵子打胡基不仅是一种建筑活动，更是一种深深的记忆和情怀。

2. 装饰施工流程

河洛民居装饰设计的施工流程可以概括为以下几个主要阶段：

（1）施工准备阶段。首先需要根据设计方案选择合适的材料，确定装饰风格和图案，同时也要考虑到成本和实用性，而且也需要和当地的文化习俗来制定方案。例如，如果设计中包含木雕元素，就需要选择质地坚硬、纹理美观的松木、柏木等硬质木材。此外，还需要考虑到材料的耐久性和维护成本，确保装饰效果能够持久保持。木材是河洛民居的主要建筑材料，具有良好的弹性和抗震性能。砖瓦作为民居建筑的辅助材料，不仅起到承重作用，还具有很好的保温隔热效果。在建设过程中，应选用质地均匀、色泽鲜艳的青砖和琉璃瓦。院落式布局是河洛民居的典型特征之一，在规划院落空间中，应合理设置廊道、花坛等景观元素，营造出宁静雅致的居住环境。为了保证院落的私密性和安全性，可以设置围墙或栅栏进行围挡。此外，为了增强建筑的防水性能，可以在屋顶铺设沥青纸或其他防水材料。

（2）施工进行时。施工过程中，工匠们会按照设计图纸进行操作，并运用传统的工具和技术来完成河洛民居装饰的每一道工序。如雕刻、彩绘、镶嵌等，都是河洛民居装饰中不可或缺的元素，它们不仅展现了工匠们高超的手艺，更体现了对传统文化的深刻理解和尊重。因为每个细节都蕴含着丰富的文化内涵和历史信息，只有真正理解了这些文化背景，才能更好地表达出来。同时，由于这些技艺往往需要经过长时间的实践和磨炼才能掌握，因此工匠们也需要具备丰富的经验和耐心。例如，雕刻是河洛民居装饰中非常重要的一种技艺，工匠们会使用各种雕刻工具，在木材、石材等材料上刻画出各种图案和文字，这些图案和文字通常都蕴含着丰富的文化内涵和象征意义，如吉祥图案、历史典故等。雕刻技艺要求工匠们具备精湛的技艺和丰富的想象力，能够准确地把握图案的线条和比例，使雕刻作品既具有艺术性又符合实际使用要求。

彩绘技艺要求工匠们具备较高的色彩感和绘画技巧，能够准确地把握色彩的搭配和图案的构图。在彩绘过程中，工匠们需要使用各种颜料和画笔，在墙面、木制品等表面绘制出精美的图案和色彩，还需要注意颜料的质量和耐久性，确保彩绘作品能够长期保持鲜艳的色彩和清晰的图案。只有深刻理解传统文化的内涵和精神实质，才能准确地把握装饰图案的寓意和象征意义，使装饰作品既具有艺术性又富有文化内涵。因此，在施工过程中，工匠们需要不断学习和研究传统文化知识，提高自己的文化素养和审美能力，以更好地完成河洛民居装饰的每一道工序。

（3）施工结束后。完成河洛民居的所有装饰工作后，为确保装饰效果符合预期并考虑到长期的耐久性，需要进行细致的检查、维护和保养，确保装饰效果符合预期。重点关注雕刻、彩绘、镶嵌等技艺的完成质量，检查是否存在瑕疵或不足之处。同时，确保装饰部分与建筑结构的连接牢固、稳定，不存在安全隐患，对于需要承重或受力的部分，如雕刻装饰的支撑结构、彩绘墙面的基层等，进行特别检查。

对于在检查过程中发现的瑕疵或不足之处，如雕刻的线条不流畅、彩绘的色彩不均匀等，需进行及时修复和调整。建立长期的维护机制，定期对装饰部分进行检查、清洁和保养，尤其是需要特殊维护的装饰部分，如雕刻、彩绘等。

近年来，随着人们对传统文化的重视和旅游业的发展，河洛民居的建筑装饰施工工艺受到了更多的关注。同时，现代科技的引入也为传统工艺的创新和发展提供了新的可能性，使得河洛民居的建筑装饰更加丰富多彩，更具时代感。

5.3.4　美学贡献

1. 对建筑质量的贡献

首先，从建筑质量的角度来看，精湛的工艺技术关乎到建筑的安全性、耐久性和其长期价值。河洛民居的装饰艺术，如木雕、陶瓷装饰等，不仅体现了高超的工艺技术，而且在结构和装饰方面展现了其社会性、艺术性和文化性特征。河洛民居装饰工艺技法充分利用了当地丰富的石材资源，石材作为主要的砌体的材料，其坚固耐用的特性为建筑提供了良好的结构支撑。同时，木材的合理利用也体现了对自然资源的合理开发和利用，有利于建筑的可持续发展。

在建筑施工过程中，工艺技术的精湛程度直接影响了建筑物的牢固程度和使用寿命。河洛民居装饰工艺技法，如雕刻、彩绘等，不仅要求工匠具备高超的手艺，还需要对材料有深入的了解和把控，这种对工艺技术的严格要求和精湛技艺的展现，以及对这些装饰元素的应用，不仅增强了建筑的实用性和耐用性，还提升了建筑的整体美感和艺术价值。

在河洛民居装饰中，油漆防腐技术被广泛应用。例如，在河洛古城的四合院油漆防腐处理上表现优异，使得古老的建筑至今仍保持着良好的状态。这种防腐技术的运用，有效延长了建筑的使用寿命，提高了建筑的质量。古老而精湛的工艺，不仅体现了古人的智慧和匠心独运，更为我们今天提供了宝贵的经验和启示。

2. 对建筑美学的贡献

从美学的角度来看，河洛民居装饰工艺技法在展现建筑美学时，融合了传统文化元素，丰富了建筑文化内涵，如雕刻、彩绘等技艺中，常常融入"河图洛书"、牡丹意象、吉祥图案、历史典故等元素，这使建筑不仅具有美观的外观，还富有深厚的文化底蕴，为现代人提供了一种审美上的享受和精神上的慰藉。在色彩与光影的运用上，河洛民居装饰中朱红色的廊柱、青绿色的椽子和红色的望板等，形成了鲜明的色彩对比和丰富的光影效果。这种强烈的色彩与光影的运用，不仅增强了建筑的美感，还营造出一种独特的氛围和意境。

在工艺与设计的结合上，工匠们会根据设计方案和实际情况，灵活运用各种工艺技法，使装饰部分与建筑整体和谐统一，这种工艺与设计的结合，不仅展现了工匠们的技艺水平，也提升了建筑的整体美学价值。此外，现代与传统装饰艺术的结合，赋予民居现代特色的文化理念，进一步强化建筑内部空间的美学特征。

由此可见，河洛民居装饰工艺技法对建筑质量与美学的贡献主要体现在两个方面：一是通过精湛的工艺技术提升建筑的质量和耐用性；二是通过融合传统文化元素和现代设计理念，增强建筑的美学价值和文化内涵。这些贡献不仅体现了河洛民居装饰艺术的独特魅力，也为当代建筑设计提供了宝贵的经验和启示。

5.4 装饰艺术对河洛民居审美的影响

5.4.1 装饰艺术的意义

1. 河洛民居装饰艺术的文化意义

首先，河洛民居装饰艺术以其丰富多样的装饰元素而著称，包括木雕、砖雕、石雕、壁画等。这些装饰元素不仅为建筑增添了美感和精致感，更承载着丰富的文化意义。它们以生动的形象、细腻的线条和精湛的工艺，展示了河洛地区的地域特色、风俗习惯、宗教信仰、哲学思想以及社会价值观。其中，洛阳古民居建筑的装饰艺术尤为突出，展现了高超的装饰技艺和独特的艺术风格。这些装饰元素以"河图洛书"和牡丹意象为文化精髓，寓意人们对美好生活的向往和追求。

其次，河洛民居装饰艺术体现了人们对居住环境品质的高要求和对传统文化的珍视。随着现代社会的快速发展，居住环境品质的提升无疑成为人们关注的焦点。装饰艺术从业人员通过巧妙的构思和精湛的技术，将现代建筑元素与传统民居建筑的特点相结合，不仅满足了人们对现代生活的需求，也传承和弘扬了传统文化。同时，这种融合也促进了传统文化与现代审美的结合，为传统民居建筑的保护和传承注入了新的活力。

最后，河洛地区的传统民居是物质和非物质文化遗产的重要组成部分，它们不仅数量众多、规模宏大，而且独具装饰艺术特色。这些民居通过独特的装饰艺术形式，展现了河洛地区丰富的历史文化和民俗风情，它们不仅是研究河洛地区历史文化的重要资料，更是传承和弘扬传统文化的重要载体。同时，河洛民居装饰艺术还体现了人与自然、人与社会的和谐共存理念。这种和谐共存的理念在现代建筑中有着重要的应用价值，不仅有助于推动农村地区的可持续发展，也有助于传承和弘扬传统文化，增强文化自信。

2. 河洛民居装饰艺术的象征意义

首先，河洛民居的装饰艺术还具有强烈的象征意义，其深植于我国传统文化之中，反映了人们对美好生活的向往和对自然、社会和谐共存的追求。许多装饰元素都有着特定的象征含义，如龙凤呈祥、莲花洁净、松柏常青等，这些符号在我国传统文化中被赋予了吉祥和长寿的寓意。

其次，河洛民居装饰艺术体现了对自然和宇宙秩序的尊重与崇拜。洛阳作为历史悠久的古都，其传统民居建筑在设计与构建中融入的"河图洛书"和牡丹意象，体现了深厚的文化内涵。传统民居装饰中的动植物纹饰，不仅丰富了民居的装饰效果，更蕴含了深厚的文化内涵和人们的美好愿景。

再次，河洛民居装饰艺术的象征意义丰富多样，蕴含了丰富的哲学思想和社会价值观。例如，在民居的门窗装饰纹样中，可以窥见河洛人民对于生命、自然和社会价值的深刻理解和尊重，这些装饰纹样不仅是图形艺术的表现，更是人文观念的载体。

最后，河洛民居装饰艺术反映了地域文化的特色和民族信仰。洛阳地区处于我国中心部位，位置优越，建筑装饰纹样所体现的内涵与河洛文化相适应，反映了深厚的文化底蕴以及民族信仰，这种地域性和民族性的体现，使得河洛民居装饰艺术具有独特的文化标识和象征意义。

5.4.2　装饰艺术的影响

1. 审美观念的形成与演变

河洛民居装饰艺术审美观念的形成与演变是一个复杂而深刻的过程，它不仅反映了地域文化的特色，也体现了社会历史变迁对人们审美观念的影响。"河图洛书"、牡丹意象等文化元素不仅赋予了河洛建筑深厚的文化内涵，也使得河洛民居在简洁中不失大气，在质朴中不乏典雅。

随着时间的推移，人们对美好生活的向往以及对居住环境品质的要求不断提高，将赋予传统民居建筑更多的美学文化理念。这种观念的形成与演变如下。

（1）审美观念的形成

①实用与美观并重。河洛民居装饰艺术在追求美观的同时，也注重实用性。例如，门窗的装饰不仅具有美观的视觉效果，还能起到通风、采光等作用，这种双重审美观念，体现了河洛地区人民对生活的热爱和对美的追求。

②自然与人文融合。河洛民居装饰艺术善于将自然元素与人文元素相融合，通过雕刻、绘画等艺术形式，将山水、花鸟、人物等自然和人文元素融入民居装饰中，营造出一种和谐、自然的氛围，这种自然与人文融合的审美观念，体现了河洛地区人民对自然和人文的敬畏和尊重。

③等级分明与礼教思想。河洛民居装饰艺术中还蕴含着等级分明和礼教思想。例如，建筑屋顶及装饰构件、门枕石的形状和雕刻内容，就体现了不同身份和地位的人有所不同，这种等级分明的审美观念，与河洛地区深厚的礼教文化密切相关。

（2）审美观念的演变

①从简单到复杂。随着历史的发展和社会的进步，河洛民居装饰艺术逐渐从简单朴素向复杂精致转变，例如，在雕刻和绘画技法上，逐渐出现了更加精细和复杂的工艺；在装饰内容上，借助事物的自然属性和特征，逐渐增加了更多的自然和人文元素。

②从单一到多元。河洛民居装饰艺术的审美观念也经历了从单一到多元的转变。在早期，民居装饰主要以实用为主，装饰元素较为单一。随着时间的推移，人们开始注重装饰的美观性和文化内涵，体现追求吉庆瑞祥、祈望富贵如意等，装饰元素逐渐丰富多样，形成了多种风格并存的局面。

③与现代审美观念的融合。近年来，随着现代化进程的加快和人们审美观念的变化，河洛民居装饰艺术也在不断地与现代审美观念相融合。引入现代设计理念和元素，使得河洛民居装饰艺术既具有深厚的文化底蕴，又符合现代审美需求。通过对传统形象的提取和加工，运用于新建筑当中，这种方式不仅保留了传统民居的精髓，也为现代建筑设计提供了新的灵感来源。

河洛民居装饰艺术审美观念的形成与演变是一个涉及文化、历史、社会等多个方面的复杂过程。它不仅反映了河洛地区独特的地域文化和审美追求，也体现了随着社会发展和文化交流，人们对美好生活的不断追求和对传统文化的传承与创新。

2. 装饰艺术对民居风格的塑造

河洛地区的民居装饰艺术对当地民居风格有着深远的影响，包括建筑材料的选择、建筑结构的布局以及装饰元素的运用等。

（1）建筑材料的选择。河洛地区的民居装饰艺术在材料选择上具有鲜明的地域特色。由于该地区特殊的地理人文环境和丰富的自然资源，尤其是河流冲击形成的砾石坚固耐用，自然材料成为民居建设的主要原料。同时，工匠们善于利用当地的工艺技术，雕刻、彩绘将这些自然材料加工成各种精美的装饰品，如门窗花格、屋檐雕饰等，不仅美化了民居外观，也提升了居住者的生活品质。

（2）建筑结构的布局。河洛民居装饰艺术在建筑结构布局上也发挥了重要作用。民居采用了独特的合院式和窑洞式的院落布局，这种布局既符合当地的气候特点，又便于家庭成员之间的交流和互动。河洛民居的布局和装饰还体现了对环境的尊重和利用，巧妙地利用了地形和地貌，如依山傍水、错落有致，整个建筑群落既有层次感，又和谐统一。

（3）装饰元素的运用。河洛民居装饰艺术也独具匠心。除了上述提到的门窗花格、屋檐雕饰等外，还有许多其他的装饰元素，如壁画、木雕、石雕等。这些装饰元素不仅丰富了民居的视觉效果，也承载着深厚的文化内涵，反映了当地人民的生活习俗和审美趣味。河洛民居装饰艺术的独特性在于其对传统文化的深刻理解和创新性表达，我们可以更好地理解河洛地区的历史文化和社会发展，以及传统民居建筑艺术的独特魅力。

3. 装饰艺术对民居环境氛围的营造

装饰艺术在民居环境氛围的营造中扮演着至关重要的角色。主要包括以下几点。

第一，装饰艺术能够赋予民居以民族性和地域性，体现出民族文化的内涵。这种文化表达不仅体现在建筑的整体外观上，如朱漆浅浮木雕门额所展现的当地文化主题，也体现在室内设计的每一个细节中，大到厅堂，小到包厢，无不散发着古朴典雅的韵味。这种对民族和地域文化的尊重和体现，为居住者提供了一个充满文化氛围的生活空间。

第二，装饰艺术能够通过民居装饰独特的形态、色彩和材质，提升视觉美感。无论是壁画、木雕、石雕还是其他装饰元素，它们都能以其精美的工艺和独特的设计，使民居空间更具艺术气息。壁画可以通过丰富的色彩和细腻的线条，营造出宁静、温馨或活泼的氛围；木雕和石雕则以其独特的材质和工艺，赋予民居空间以古朴、典雅的气质。

第三，传统民居装饰的应用不仅限于保护和传承文化内涵，还在于其对现代环境艺术设计的贡献。传统民居装饰的独特艺术处理手法有助于现代环境艺术设计的创新与焕发新的活力。通过运用具有地方特色的装饰元素和图案，可以在保留传统文化精髓的同时，传达出当地的历史、文化和民俗风情。例如，常见的装饰元素如蝙蝠（寓意"福"）、莲花（寓意"纯洁"）、龙凤（寓意"吉祥"）等，都体现了传统文化的精髓。

第四，通过精心设计的装饰艺术，可以营造出具有层次感和空间感的民居环境。例如，利用壁画、屏风等装饰元素进行空间划分，可以使民居空间更加宽敞、通透；同时，不同材质和色彩的搭配也可以营造出不同的空间氛围。

第五，装饰艺术不仅影响民居的视觉环境，还能对居住者的心理和生理舒适度产生影响。例如，温馨的色调和柔和的灯光可以营造出舒适的居住氛围；具有地方特色的装饰元素则可以增强居住者的归属感和文化认同感。在选择装饰元素和风格时，需要考虑民居的建筑风格、空间布局、光线条件等因素，以确保装饰艺术能够融入并提升整体环境氛围。

此外，传统民居装饰在现代环境艺术设计中的应用还需要遵循一定的原则和策略。例如，设计师需要将传统价值与当前的创新思维有效结合，同时考虑到地域文化、民族传统文化内涵的体现。这意味着在进行民居环境设计时，不仅要注重装饰艺术的传统元素，还要考虑如何将这些元素与现代设计理念相结合，以达到既传承又创新的效果。

5.4.3 河洛民居装饰艺术的发展趋势

1. 面临的挑战

（1）现代与传统的冲突。随着现代化进程的加快，传统建筑的拆迁和现代建筑的新建对传统民居及其装饰艺术构成了直接威胁，许多具有历史价值的民居被拆除，失去了原有的文化环境和传承条件，传统民居装饰艺术面临着被现代设计风格所取代的风险，这种冲突可能导致传统元素的流失，从而影响文化艺术的传承。这就意味着，未来的河洛民居装饰艺术可能会更多地融入现代建筑元素，同时尽可能地保留其传统文化特色。

（2）技术与材料的变化。现代建筑材料和技术的发展可能与传统装饰艺术的需求不完全匹配。例如，现代建筑技术可能更倾向于使用轻质、高强度的材料，而传统装饰艺术则可能需要更多地依赖于传统的手工技艺和天然材料；新技术的应用不仅能够提高装饰艺术的制作效率，还能够创造出新的视觉效果和艺术表现形式。例如，数字化技术和虚拟现实技术可以用于模拟和展示传统装饰艺术的效果，从而吸引更多的年轻人参与到这一领域的创新中来。

（3）文化认同感与市场需求的改变。在全球化和市场经济的影响下，现代化生活方式变迁使得传统装饰艺术的实用性和审美趣味受到质疑，年轻一代对于传统文化的兴趣和文化认同感逐渐减弱，这对传统装饰艺术的传承和发展造成了障碍，影响其持续发展；市场需求也是影响未来河洛民居装饰艺术发展的一个重要因素。市场经济的冲击也导致一些传统工艺师转行或者放弃传统技艺，传统装饰艺术的制作技艺和材料获取变得困难。因此需要加强对河洛民居装饰艺术的保护和传承工作，包括立法保护、非物质文化遗产申报、传统工艺师的培养和激励等措施，通过教育和宣传活动提高公众对传统文化的认识和尊重，促进传统装饰艺术在现代社会的可持续发展。

2. 未来发展趋势

（1）新旧融合与技术创新。未来的河洛民居装饰艺术可能会寻求在保留传统元素的基础上，融入现代设计理念和科学技术，这种融合不仅能够保持文化的连续性，还能增强艺术表现力和实用性。数字化技术可以帮助艺术家更好地设计和制作复杂的装饰图案，而环保材料则有助于实现可持续发展的目标。如智能家居将成为河洛民居装饰艺术的重要趋势，包括智能照明、智能窗帘、智能安全系统等，实现联动各类智能设备，丰富智能场景，开启新的生活方式。

（2）功能革新与个性定制。未来河洛民居装饰艺术将更加注重多功能设计，在有限的空间里实现无限的功能是家居装饰追求的目标。通过可移动家具、隐藏式储物等方式，打造灵活空间，提高空间的利用率；而且，随着生活质量的提高，人们对于个性化定制的需求也日益增长。未来河洛民居装饰艺术需要更加注重个性定制，从色彩搭配到家具布局，再到装饰品的挑选，都尽可能地根据个人的喜好和需求进行定制，定制化的服务将满足人们对个性化的追求，使家居成为真正意义上的"悦己"空间。

（3）教育研究与数字传承。加强对河洛民居装饰艺术的教育和传承是未来发展的重要方向。通过设立相关课程、工作坊和展览，可以培养新一代的设计师和工匠，确保这一传统艺术形式得以延续和发展。高等教育机构在传统艺术传承与创新中扮演着重要角色，尤其是洛阳本地高校应将河洛民间艺术设置为学生的必修课，形成一套完整的课程体系和教学方法，推进艺术设计教育改革；在数字时代可以通过数字化扫描和建模技术，将河洛民居装饰艺术品进行数字化保存和展示，这样不仅可以方便人们随时随地欣赏河洛民居装饰艺术的美，还可以为设计师和工匠提供更多的灵感和参考。此外，通过虚拟现实和增强现实技术，让人们更加身临其境地体验河洛民居装饰艺术的魅力。这些技术的应用不仅可以提高传承效率，还可以吸引更多年轻人关注和参与河洛民居装饰艺术的传承。

（4）政策支持与市场开发。政府的支持和市场的开发也是推动河洛民居装饰艺术发展的重要因素。政府通过制定税收优惠、资金补贴、科研项目资助等相关政策和提供资金支持，能够降低企业和研究者的成本，鼓励创新和传承，促进装饰艺术领域的研究和实践；市场开发则涉及将河洛民居装饰艺术与其他产业相结合，特别是旅游业和文化创意产业。通过开发与河洛民居装饰艺术相关的旅游产品和文化商品，可以吸引更多游客和消费者，从而提高公众对这一艺术形式的认知度和参与度，这不仅能够增加艺术作品的经济价值，还能促进文化遗产的保护和传承。

6

河洛民居保护与传承

6.1　数字人文赋能河洛民居数字化建设

6.1.1　河洛民居数字化背景

党的十八大以来，习近平总书记对我国文化遗产工作给予了高度重视，并作出重要指示。他强调"要让收藏在博物馆里的文物、陈列在广阔大地上的遗产、书写在古籍里的文字都活起来"，这一指示深刻揭示了文化遗产在历史发展和文明传承中的重要地位、作用和意义。同时，习近平总书记还提出了"把马克思主义基本原理同中华优秀传统文化相结合"的重要论断，即"第二个结合"。通过将马克思主义基本原理同中华优秀传统文化相结合，我们可以更好地理解和把握中华文化的精髓和内涵，从而推动中华文化的创新发展。文化遗产的保护传承已经上升为关系到中华文明延续和马克思主义在中国创新与发展的重大理论问题。这一认识凸显了文化遗产保护工作的紧迫性和重要性，也为我们解决新时代文化遗产保护工作提供了明确的发展方向。

在此背景下，各地政府越来越重视文物的保护、传承和利用。他们通过制定和实施一系列政策措施，加强了对文化遗产的保护力度，提高了公众对文化遗产保护的意识。同时，政府还积极推动文化遗产的合理利用，通过文化旅游、文化创意产业等方式，让文化遗产活起来，为当地经济社会发展注入新的活力。学者们也在积极进行文物价值的挖掘与阐释，他们运用专业知识和技能，深入研究文化遗产的内涵和价值，通过撰写学术论文、举办展览和讲座等方式，向公众普及文化遗产知识，提高公众对文化遗产的认识和欣赏水平。讲好中国故事，让文物活起来，是新时代文化遗产保护工作的重要任务。我们应该积极行动起来，加强文化遗产保护传承工作，让中华文明的瑰宝得到更好的传承和发展。

文化遗产因其不可再生的特性，使得保护工作显得尤为重要。近年来，国家高度重视文化遗产的保护与发展，出台了一系列相关政策，例如《关于实施中华优秀传统文化传承发展工程的意见》和《关于促进文化和科技深度融合的指导意见》等，旨在推进文化遗产的保护与传承。其中，数字化技术在文化遗产保护中发挥着越来越重要的作用。特别是自 2017 年启动的数字博物馆项目，以及 2018

年我国传统村落数字博物馆的正式上线，都体现了国家对文化遗产数字化的高度重视。三维数字化技术能够精确记录文化遗产的客观属性，通过计算机数据采集、三维扫描仪捕捉物体特征、平面高清摄像和 3D 打印技术等手段，为文化遗产的造型特征、颜色纹路等信息的获取和复制提供了强有力的技术支撑。这种技术在形状和特征精准数字化呈现的同时，也为科学预防和实体修复提供了有力帮助。

民居建筑作为中国文化遗产的重要组成部分，承载着中华民族丰富的历史文化和精神基因。结合新媒体技术手段，将民居建筑以动态的四维形式（三维＋时间）展现在观众面前，不仅能够有效地平衡文化遗产保护与利用的矛盾，还能进一步提升观众的关注度和参与度，使观众能够全方位、立体化地欣赏文化遗产，感受其独特的魅力和价值。国内外学者在文化遗产数字化保护方面进行了大量的研究与实践。例如，埃及的研究人员利用激光雷达扫描和地面测量等技术重建了金字塔和狮身人面像，将三维数字技术运用于文物古迹的信息化采集，建立了古罗马剧场的模型数据库。此外，瑞士和威尼斯联合开展的"威尼斯时光机"项目也是一个杰出的例子，该项目将城市档案和历史文献电子化，通过大数据分析形成信息网络，模拟各时期地理、城乡、交通、建筑的变迁，让观众仿佛穿越时空，回到 1000 年前的中世纪。

相较于国外研究，计算机技术＋人文历史的数字化方法在我国文化遗产保护实践中虽也有涉及，但大多仅停留在档案资料数字化阶段，对于更深层次的学科交叉运用、数字资源开发利用、实体／数字模型的普及研究相对较少。当然也有较为成功的案例，故宫博物院运用三维扫描技术对文物进行了全面的记录和数字化处理，可以获得文物的精准尺寸和形状，建立文物的数字模型；云冈石窟佛像的高密度三维模型不仅可以在线上数字平台展示，还可以 3D 打印线下各地巡展等。

这些研究与实践不仅为我们提供了宝贵的经验和启示，也为我们进一步推进文化遗产数字化保护工作提供了有力的支持。未来，我们期待看到更多创新的技术和方法应用于文化遗产保护领域，让中华文化的瑰宝得到更好的传承和发展。

6.1.2 数字人文相关理论

"数字人文"（digital humanities）在《中国大百科全书》中的定义是"信息技术与文学、历史学、考古学、艺术学等传统人文学科融合的跨学科研究领域的术语[①]。"刘炜、叶鹰（2017）：数字人文是"是在计算机技术、网络技术、多媒体技术等新兴技术支撑下开展人文研究而形成的新型跨学科研究领域"[②]。在计算机技术的影响下，大数据、网络开源、地理信息系统、多媒体互动，知识的获取和展示彻底改变了人文学者进行资料组织、展示媒介、资源利用和工具使用的习惯，这种转变不仅提高了研究效率，还为人文知识普及提供了新的途径。

近年来，数字人文在建筑学、艺术学、设计学也逐渐得到认可和应用，但大多都是以计算机科学、情报学、社会学等专业居于主要地位，建筑师、艺术家多数是辅助性参与。民居建筑遗产保护固守的是以"宣传、整理、载体、政策和资金"为核心的内生型体系，对民居遗产承载的文化内核及由此产生的技术性外向型保护需求的关照明显不足，从而难以在保护过程中真正盘活民居文化遗产。如何利用新技术、新方法为文化遗产"续命"，使其在"美丽乡村"建设中"延年益寿"，更好地"记录过去""服务现在"，变成寄托乡愁文化的"活化石"，成为新时代背景下文化遗产保护与创新的重要议题。而随着武汉大学文化遗产智能计算实验室、北京建筑科技大学联合云冈石窟研究院等研究机构的加入，数字人文在建筑艺术资源的开发利用中的作用已毋庸置疑，成为人文研究的活跃方向。

在数字人文的视角下，河洛民居建筑的保护与传承面临着新的机遇与挑战。随着数据时代的到来，数字人文技术为文化遗产的保护与传承提供了更为广阔的空间和可能性。然而，目前关于数字人文在民居建筑保护中的应用研究尚显不足，尤其是关于数字技术、编研方法、数据库设计等关键领域的探讨缺乏系统性。基于此，将"活化"理念引入河洛民居建筑保护中，具有重要的理论意义和实践价值。所谓"活化"保护，即通过创新的方式和手段，让传统民居建筑在现代社会中焕发新的生机和活力。在数字人文技术的支持下，我们可以更加全面、深入地挖掘和展示河洛民居的文化内涵和历史价值，实现其在新时代的传承与发展。

---

① 中国大百科全书. 数字人文. ［EB/OL］.（2022-12-23）［2024-04-08］. https://www.zgbk.com/ecph/words？SiteID=1&ID=555955&Type=bkzyb&SubID=226914.

② 刘炜，叶鹰. 数字人文的技术体系与理论结构探讨［J］. 中国图书馆学报，2017，43（5）：32-41.

6.1.3 数字人文的技术体系建设

数字人文在传统民居研究中主要起着收集房屋及各种附属物信息、各种本体建模及建筑描述管理、大数据和时空聚类分析、可视化关联呈现历史信息的功能。其主要内容包括：①将房屋及各种附属物的资料转化为数字内容，并按照保护及传承的目的进行河洛传统民居数据库建设；②通过使用、开发相关工具和软件，分析河洛传统民居数据集，为相关研究学者提出、分析、解决建筑设计、艺术美学等领域的问题提供方法；③利用计算机等数字技术为人类文化遗产的传承与创新提供途径。探索实践成果有"中国历代人物传记资料库"项目收录了中国历史上重要人物的传记资料。敦煌研究院对莫高窟壁画和雕塑进行数字化采集、加工和存储的"数字敦煌"项目等。

在数字人文技术体系中，各种技术组件共同构成了一个强大的工具集，为文化遗产的保护、传承与创新提供了前所未有的机遇。

1. 数字化技术

作为数字人文的基础，数字化技术随着数字化时代的到来，美术馆、博物馆等文化事业机构和高校科研机构积极响应，大力推进人文资料的数字化和网络化建设。这一举措不仅丰富了文化机构的内容，还极大地促进了知识的共享和普及，为公众提供了更加便捷、多样的文化体验。这些机构通过建立海量的人文主题网站和艺术、设计类专题数据库，将珍贵的人文资料以数字化的形式保存下来，并通过网络向大众免费开放。这种开放式的做法打破了时间和空间的限制，使得公众可以随时随地访问这些资源，深入了解和学习各种文化知识。为了确保数据库中艺术品的真实性和不可篡改性，这些机构还巧妙地将存储的原生数字资源上传至区块链中，这一创新举措充分展示了文化事业机构在应对数字化时代挑战时的智慧和决心。

2. 管理技术

管理技术在数字人文的服务系统中扮演着至关重要的角色。数字化只是将传统的人文素材转化为数字格式，而要使这些数字资源能够真正地为传统民居的保护与传承服务，就需要对数据进行有效的管理和组织。对于河洛民居的保护与传承，数据管理技术的应用显得尤为重要。通过文本编码、语义描述、本体建模等技术手段，可以将河洛民居的各种信息转化为计算机能够识别的语义符号，进而构建数字模型和相关数据库。这些数字模型不仅包含了民居的物理结构、建筑风格等基本信息，还可以涵盖其历史背景、文化内涵等多方面的内容。建立多媒体语义搜索功能，可以方便用户根据关键词或主题快速检索到相关的数字资源。同时，通过 API（应用程序编程接口）数据服务，可以实现不同系统之间的数据共享和交换，为传统民居的保护与传承提供更加便捷、高效的服务。

3. 数据分析技术

数据分析技术帮助构建数字人文应用平台。数字人文以语料库和数据库为研究平台，利用计算机、扫描仪、摄像机等数字化工具和软件技术进行民居的数据管理与分析等，所建设的数据库平台/实验室就如科研"尖兵"一样，不仅可以将文献扫描、实物拍摄形成数字化资源实现深加工，还能汇聚一批科研学者、团队建立行之有效的研究方法，开展人文学科研究。相较于传统民居保护，数字化再现、各种资源管理与服务更加关注信息聚合与观众体验，形成特色鲜明基于数据资源管理的研究方法体系和科研范式。

4. 可视化技术

可视化技术着手建构数字人文的直观形象，通过计算机图形学和图像处理技术，将复杂的数据转换成直观的图像，极大地丰富了数字人文的展示和研究方式。这种技术不仅能够为传统民居的展示提供更丰富的服务内容，还能使观众进入一个三维多媒体的虚拟世界，体验古人的生活和文化。对于数字人文研究而言，可视化技术具有强大的支持作用，它能够帮助研究者发现数据中的规律和关联，为他们的研究提供新的思路和方向。而且，可视化技术还可以支持数据的交互处理和分析，使研究者能够更深入地挖掘数据的内涵和价值。其中美国硅图公司推出的三维图形库表现突出，开发出来的三维软件也易于使用而且功能强大，这些软件已涉及建筑艺术、产品设计等领域。

5. 虚拟现实与增强现实

虚拟现实（virtual reality，VR）和增强现实（augmented reality，AR）技术是构造数字人文交互环境的强大手段。通过模拟产生三维空间的虚拟世界，为观众提供了超越时空的沉浸式体验。在数字人文领域，VR、AR 技术具有广泛的应用前景，特别是在民居建筑、历史场景再现等方面。使用 VR、AR 技术，可以模拟出真实的民居建筑场景，让观众仿佛置身于其中。通过计算机图形、计算机仿真等技术，可以精确地还原建筑的结构、材质、光影等细节，使得观众能够产生身临其境的感觉。同时，VR、AR 技术还能够模拟出声音、气味等感官信息，进一步增强了观众的沉浸感。在 VR、AR 技术的辅助下，观众可以与虚拟空间中的事物进行互动。例如，观众可以参观古代民居的内部结构，观察古人的生活方式；可以穿越回古代某个历史场景中，观看宏伟建筑的建造过程；甚至可以参与建筑的设计、监工、改造等环节。这种交互式的体验方式使得观众能够更加深入地了解历史和文化，增强对传统民居保护的认知和理解。VR、AR 技术的结合还为数字人文领域带来了超越时空的"场景再现"能力。通过人工智能技术，可以模拟出古代人物的形象和行为，让观众与"古人"进行随心所欲的对话和交流。这种交互式的对话和交流方式不仅增加了观众的参与感和兴趣，还能够促进观众对于历史文化的深入思考和探讨。

6. 机器学习

机器学习技术是实现智慧服务目标的强大工具，在数字人文领域中尤其如此。机器学习技术已经在许多领域超越了人类的能力，如绘图设计、驾驶、金融分析等，为人类社会带来了极大的便利。对于河洛民居的数字化平台来说，机器学习技术具有不可替代的作用。它能够大规模地代替人工进行建筑拍照、录制视频、资料分类、语言组织、图像语音识别、社会关系梳理、媒体检索互动、知识搜索等工作。这些功能不仅极大地提高了工作效率，而且保证了工作的准确性和一致性。更重要的是，机器学习在智能化服务方面能够发挥独特优势。通过深度学习和大数据分析，机器学习能够更深入地理解用户需求，从而提供更加人性化和个性化的服务。例如，在美术馆、博物馆、纪念馆等场所，机器学习技术能够根据游客的兴趣和行为习惯，推荐合适的展品和活动，提供更加精准的导览服务。

6.1.4　数字人文赋能逻辑

在文化遗产领域，"活化"不仅表示传统意义上的保护与继承，更强调以"活态"开发的形式，对文化遗产中所蕴含的物质及精神价值进行深入的解码、诠释、继承和重构[①]。将这一理念应用于河洛民居的保护中，结合数字人文的知识和技术，我们可以实现民居建

---

① 林凇. 植入、融合与统一：文化遗产活化中的价值选择［J］. 华中科技大学学报（社会科学版），2017，31（2）：135-140.

筑的"活化"保护。在河洛地区,现存的民居实物或实体是宝贵的文化遗产,它们承载着丰富的历史信息和文化内涵。然而,仅仅依靠传统的保护手段已无法满足现代社会对于文化遗产保护的需求。因此,我们需要借助数字人文的力量,对这些民居进行数字化信息形态的重构和价值激活。

随着文化强国战略与数字人文工程的相互支持和协同发展,建筑文化遗产作为数字人文重要基础设施的组成部分,其保护手段、整理与开发方式、传播与服务效果等都将迎来新的发展机遇。数字人文赋能河洛民居"活化"保护既具有理论层面的合理性,也有实践案例的彰显和支撑。

1. 数字人文核心价值是契合河洛民居"活化"保护的要求

河洛民居"活化"保护在信息时代背景下,确实是对传统建筑遗产保护的一次重要发展与拓新。这种保护方式旨在通过"活化"思维,引导河洛民居保护从封闭式、单一化、被动化的模式转向开放式、多元化和主动化的方向,从而促进传统建筑遗产与现代文明社会的深度融合,实现民居的可持续性保护与发展。数字人文作为一种新型学术模式和组织形式,其开放合作、多元发展、互动连接的核心价值高度契合建筑文化遗产"活化"保护的要求,为河洛民居"活化"保护提供了有力的理论支撑。数字人文的跨学科综合方式,为河洛民居的保护注入了新的活力,推动了来自建筑界、设计师、艺术家之间的合作与发展。

在数字人文的框架下,河洛民居的"活化"保护可以通过以下两个方面来实现:首先,以建筑的历史文化价值内涵为导向,树立"合作共赢"的思维理念,融合多方力量,采取多模态的方式,实现河洛民居建筑实体层面的科学保护、文物修复、文化传承和虚拟信息层面的结构重构、沉浸互动、价值激活。通过这种方法,河洛民居可以摆脱与世隔绝的"尘封"状态,积极拥抱现代社会,成为连接传统与现代、现实与虚拟的桥梁;其次,数字人文可以为传统学科的获取、标注、表示、阐释、取样与比较等带来根本性变革,推动方法论和研究范式的创新[①]。除了将建筑实体由物理存储转变为数字化保存之外,还需要深入挖掘河洛民居的信息化价值,通过数据化发现,从知识生产的角度考虑如何完成其结构重构与价值释放。

---

① 刘炜,谢蓉,张磊,等. 面向人文研究的国家数据基础设施建设 [J]. 中国图书馆学报, 2016, 42 (5): 29-39.

夏翠娟提出全新的"知识生产方式"[①]，将进一步开拓民居遗产"活化"保护的视野和思路，打破长期以来以实体保护为主的局限，构建实体与虚拟双渠道进行的保护与传承格局。

2. 数字人文项目实践是彰显河洛民居"活化"保护的效果

河洛民居"活化"保护的确是以创新的"活化"理念来推进文化遗产保护的新实践，旨在使河洛民居从损毁的边缘焕发新生，从无人问津到备受瞩目，甚至从简单的旅游打卡地转变为深厚的文化滋养胜地。这一过程中，数字人文项目发挥了至关重要的作用，为河洛民居的"活化"保护提供了实践依据和强大动力。

首先，数字人文项目通过精准的数字化采集技术，对河洛地区的民居建筑、景观、文物和史料进行了全面、系统的信息采集和记录；其次，借助数字化技术，项目团队对采集到的信息进行了深入挖掘和抢救。通过探测和分析民居破坏的原因，进行了数字化的复原和展示，进一步彰显了河洛民居的历史文化价值。同时，利用虚拟现实和数据库技术，将河洛民居的美景和历史故事以更加生动、直观的方式呈现给观众；此外，数字人文项目还通过增加音频、视频、口述历史等形式，为观众提供了一系列讲解和导览服务。这不仅丰富了观众的游览体验，还使河洛民居的文化内涵得到了更广泛的传播和认同。例如，在我国传统村落数字博物馆网站中，人们可以在线一览河洛地区乡村美景、聆听口述历史，进一步加深对河洛民居文化的理解和感知。

在数字人文领域，数字技术的运用已经超越了简单的数据可视化和存储，而是深入到对文化遗产和文化价值的深度挖掘与关联重构。特别是在传统民居文化的研究和保护中，数字化、数据管理、数据分析和机器学习等技术的结合，为我们揭示和传承这些珍贵文化遗产提供了新的视角和方法，这不仅让沉默的建筑遗产变得"开口说话"，还将其转化为可供社会共享的文化财富。同时，依托可视化、VR 和 AR 技术、建筑信息模型（building information modeling, BIM）、地理信息技术等形式，数字博物馆与实际的传统村落相结合，为观众提供了更加全面和深入的体验。然而，正如文中所提到的，虽然数字人文项目为民居建筑研究和保护带来了全新的发展愿景，但如何在全国范围内推广传统民居遗产数字化工程和"活化"

---

① 夏翠娟. 面向人文研究的"数据基础设施"建设：试论图书馆学对数字人文的方法论贡献［J］. 中国图书馆学报，2020，46（3）：24-37.

保护，以及推广后将发生什么样的变革，仍是我们需要深度思考的问题。这需要我们不断探索和实践，以找到更加适合中国国情的民居遗产保护之路。

总的来说，数字人文项目在河洛民居"活化"保护中发挥了不可或缺的作用。通过理论与实践的结合，我们看到了数字人文在文化遗产保护领域的巨大潜力和广阔前景。未来，我们期待数字人文能够继续赋能文化遗产保护事业，让更多像河洛民居这样的宝贵遗产得到更好的保护和传承。

6.1.5　数字人文赋能特征

河洛民居"活化"保护是一项复杂而重要的文化遗产保护工作，它涉及多个关键要素之间的相互作用和协同作用。以下是对主体、客体、方法和环境四个要素的分析，以及数字人文在其中发挥的作用。

1. 基于民居建筑主体的多元化变革

主体是指民居建筑"活化"保护过程中的利益相关者。它体现了数字人文项目跨界融合、协同创新的特点。在数字人文的赋能下，河洛民居"活化"保护的主体结构涵盖了科研机构、政府部门、公共文化事业机构、企业以及社会公众等多个方面，形成了一个复杂而多元的保护网络。

首先，数字人文项目的特点在于其跨界融合和协同创新的思想内核，可以整合来自资源方、技术方、服务方、研究者等多方力量以共同实现项目的目标。这种跨界融合和协同创新的特性，使得河洛民居"活化"保护的主体结构变得更加复杂而多元。历史建筑保护管理中心（保护机构）或古建筑保护研究所（研究机构）在数字人文实践中扮演着主导角色。例如，"名城杭州"项目通过"1+N"体系架构实现信息数据全民共享。

其次，政府部门在保护工作中扮演着至关重要的角色。它们通过制定宏观管理政策和发布文件，为保护工作提供政策支持和经费保障。同时，政府部门还能够协调各方资源，推动保护工作的顺利开展。公共文化事业机构如博物馆、美术馆、图书馆等，也是保护工作中不可或缺的力量。它们通过资源互补和技术共享，或提供教育和培训课程，为保护工作提供丰富的资源和合作机会。此外，数字化技术的发展提出了多种工作的统筹协作的需求。这表明，在河洛民居"活化"保护的过程中，不仅需要科研机构、政府部门、公共文化事业机构等的共同参与，还需要技术手段的创新和持续发展变革。

2. 基于民居建筑客体的复杂化变革

客体——河洛民居，不仅包含了其物质实体，还涵盖了与之相关的数字信息。这种双重性的客体结构为"活化"保护提供了新的可能性。数字人文实践项目以数据为原生动力，通过技术手段将文化遗产的实体从传统人文素材映射到数字世界，并实现数据化编码。数字人文项目的实施过程确实对文化遗产的保护和传承产生了深远的影响，意味着民居建筑"活化"保护的客体向着"物质实体 + 数字信息"这一更为复杂的方向发展。

首先，在物质实体方面，数字人文的兴起和技术的快速发展，为民居建筑"活化"保护提供了前所未有的机遇。地理信息系统（geographic information system，GIS）、测绘遥感（remote sensing，RS）、VR、历史仿真、全球定位系统（global positioning system，GPS）、多光谱成像等技术的广泛应用，使得在不接触、无损毁的情况下，能够远程获取建筑物的各种信息成为可能。这些技术的应用不仅为制定保护策略提供了科学、准确的数据支持，而且通过数字修复和实物还原，为建筑遗产由模拟态向数据态转变带来了重要契机。具体来说，这些技术可以帮助我们更深入地了解民居建筑的结构、色彩、材料等实体相关信息。比如，通过 GIS 和 RS 技术，可以获取建筑物的地理位置、周边环境、地形地貌等信息；通过 GPS 和多光谱成像技术，可以对建筑物的材质、颜色、纹理等进行详细分析，为修复工作提供科学依据。此外，这些技术的应用还使得民居建筑"活化"保护向更为深化的方向拓展。我们不仅要关注建筑的形式、结构和材料，还要关注其背后的文化、历史和社会价值。比如，通过机器学习技术，可以对古人的生活方式、社会关系、宗族习俗等进行深入研究，为传统村落的民居建筑形态提供数据支持。

其次，在数字信息方面，数字人文项目更加注重对民居建筑第一手档案的整理与开发。通过数据可视化、机器学习、数据挖掘、语义关联等技术手段，对民居建筑的信息组织、知识管理、资源开放与利用、知识图谱、文化遗产保护等内容进行深度挖掘与处理。这种处理方式确实代表了文化遗产保护领域的一大进步。它利用数字人文项目的优势，释放了民居建筑遗产的内容价值活力，并将河洛民居"活化"保护对象推向了更深层次、纵发展、多维度、关联化的层面。传统民居建筑遗产的"活化"保护通常局限于对物质形态和表面信息的记录和呈现，这种保护方式虽然具有一定的历史和文化价值，但往往缺乏深度和广度，而数字人文项目则通过数据技术和人文研究的结合，实现了对民居建筑更深层次、更多维度的价值挖掘和发现。例如，"威尼斯时光机"项目之所以能够全方位展现古城威尼斯几千年的厚重历史，正是因为它充分利用了数据可视化、时间线、空间分布图等技术手段，将时间、空间与人物、事件等多维度信息相结合，呈现出一个立体、生动的历史画卷。这种综合性的呈现方式不仅让观众能够更好地理解历史事件和人物之间的关系，也让他们更加深入地感受到历史的厚重和文化的魅力。

3. 基于新型研究方法的复合性变革

数字人文的研究方法是将数字化技术运用于人文学科的阐释，进而由实物载体向虚拟媒介转变引发的知识生产范式的变革，是实现民居建筑"活化"保护目标所采取的必要手段。数字技术与人文专业相耦合的数字人文理念，为文化遗产保护领域带来了革命性的变革。这种理念打破了以往从单一技术维度保护文化遗产的局限，通过数字之"技"与人文"道"的有机结合，赋予了河洛民居"活化"保护方法复合性的新特征。

首先，从技术维度来看，数字人文技术的发展为文化遗产保护提供了强有力的技术支持。数字化、知识管理、数据管理与分析、可视化技术、信息组织、机器学习技术等共同构成了一个完善的技术体系，这些技术在文化遗产保护中展现出了多方面的应用优势。通过倾角仪、梁式测斜仪、沉降监测点等监测设备，可以对古建筑及其周边环境进行实时监测，及时预警可能出现的损害情况，从而实现预防性保护；基于数据分析，可以准确评估建筑物的安全状况，为制定治理和修复方案提供科学依据。例如，在洛阳古城墙的保护中，数据分析为精细化保护城墙打下了坚实基础；利用 3D 建模、三维激光数字化测绘技术等手段，可以将文化遗产数字化保存，并在此基础上进行知识化开发，如推出数字应用 App 程序，让观众能够更直观地了解文化遗产。

其次，数字人文不仅关注技术层面的应用，还注重人文学科思维方式和研究方法的融入。这使得文化遗产保护不仅停留在物质层面，还能深入挖掘其背后的社会记忆、情感归属等人文价值。在空间区域、时间段落的研究中，通过时序分析、空间分析等方法，可以更加深入地了解文化遗产的历史演变和空间分布，为制定保护策略提供重要参考。在服务人群、利用程度的研究中，研究文化遗产的受众和服务对象，以及他们的利用程度和需求，有助于制定更加符合公众需求的保护策略。在数字孪生展示场景的建设中，利用三维激光数字化测绘技术等手段建设的数字孪生展示场景，可以让观众更加直观地了解文化遗产的历史、文化和价值，从而增强他们对文化遗产的认同感和保护意识。例如，在"洛阳旅游"微信公众号中，可以跟着网络云游洛阳，在云端感受神都洛阳各景点的实况景点、街区魅力，感受这个城市的文化。

4. 基于建筑环境驱动力的发展性变革

环境作为民居建筑"活化"保护与传承的重要驱动力，可以分为内环境和外环境两部分。民居建筑的保护与传承是一个复杂的系统工程，需要保护主体、保护客体和保护环境之间的有机互动。在数字人文的赋能下，这个生态体系的闭环得到了进一步的强化和完善。通过数字化平台和数据共享，可以实现保护主体之间的信息交流和资源共享，促进保护客体的完整性和原真性得到更好保护。同时，通过数字人文技术对环境因素进行监测和评估，可以及时发现和解决保护过程中出现的问题，确保整个生态体系的稳定和发展。

首先，内环境是直接影响民居建筑"活化"保护的因素，它包括政策法规、标准规范、施工工艺、设施设备、资金状况等，贯穿于民居建筑"活化"保护的整个过程，影响着民居建筑"活化"保护的成效。因为建筑业产业链中的各方常常因数据不一致、保存不规范等，导致信息无法流通。然而，随着建筑设计与数字人文互动、融合的不断加深，数字人文可以为民居建筑"活化"保护带来资源的统一识别与数据管理分析、可视化技术的创新、机器学习技术的优化等发展机遇，从而有助于全面驱动和提升河洛民居"活化"保护内环境。同时，国家"十四五"规划对智能建造的推进也为民居建筑"活化"保护提供了有力的政策支持。

其次，外环境包括政治、经济、社会和文化等方面，是民居建筑"活化"保护的需求环境和应用场景。加强外环境与民居建筑"活化"保护的互动与融合，可以推动保护工作向更高水平发展。民居建筑传统的保护与开发大多是由在政府、文物保护等机构进行的单一主体行为，与外界环境的互动和流通较差。通过加入经济、文化、技术等外部环境的影响，可以加强与外环境之间的互动性。与经济环境融合可以在资本资助和经济效益的推动下引进先进的理念、体系和平台。与社会环境融合可以从社会公众视角出发建构需求驱动型的"活化"保护方案，以开放项目的形式吸引全社会的关注与支持，再通过对社会收集方案、口述、文字、照片等资料，可以构建建筑资料数据库和数字化平台，以及进一步充分挖掘、提炼、展示和传播民居建筑的文化基因，并通过数字化平台的建立促进数据生产力的转化。这不仅可以提高民居建筑的文化价值和社会影响力，还可以为古村落的文化生产和传播体系提供有力支持。

6.2 数字化保护的方法与途径

在党的二十大关于"数字中国建设"政策的全面指导下，我国正大力推动大数据、"互联网 +"和深化信息化技术的发展，旨在建设数字信息基础设施，以中国式现代化全面推进中华民族伟大复兴，并助力美丽中国和美丽乡村建设。在这一背景下，传统村落文化遗产的数字化保护显得尤为重要。河洛地区传统民居作为中国丰富多元的建筑文化遗产之一，其数字化保护已成为当务之急。根据住房和城乡建设部开展的"我国传统村落调查"，截至 2024 年 10 月共有 6 批 8155 个村落被列入中国传统村落名录。河洛地区传统民居作为中国丰富多元的建筑文化遗产之一，已有部分古村落被列入我国传统村落名录，这些村落的民居保护成为重点。本节旨在为中国传统建筑文化的保护提供新思路和实践指导。

6.2.1 河洛民居数字化保护的背景与意义

1. 研究现状与困境梳理

（1）研究现状

河洛民居数字化保护是指利用现代数字技术对河洛地区的传统民居进行详细记录、保护和展示的过程。这项工作通常涉及三维扫描、虚拟现实、数字建模等高科技手段，旨在实现对河洛民居的精确复制和长期保存。现阶段，由于政府在人力、财力和精力等保护不足，河洛地区的一部分传统民居面临着拆除、改建和破坏的现实威胁。在这种情况下，狄雅静、王茹、王英华等提出了基于 BIM 技术的传统村落民居建筑保护研究，通过对古建筑遗产保护的详细信息进行参数化存储、建立古建筑的参数化模型，实现古建筑信息全生命周期的管理；张应韬、单琳琳探讨了 Web3D 技术在建筑文化遗产保护中的应用，指出这种技术可以在 3D 虚拟世界中创建出高度逼真的古村落数字模型，使公众能够通过 VR、AR 等手段进行互动式参观，从而增强了教育和科普的趣味性和吸引力。研究发现，数字化技术创建的民居三维模型，通过互联网、手机 App、数字媒体或网络平台进入展示区域，用户可以实现 360° 全流程浏览，全球各地的人们都能随时随地探访这些虚拟的河洛民居，感受其蕴含的深厚文化底蕴。而且，数字化保护无须频繁的移动、拆装和接触，同步实现建筑遗产的远程保护，通过无损检测和科学分析，有效避免了传统保护手段中可能出现的物理损害，为后代留下了可供研究、教育和欣赏的永续资源。这些跨越时空的文化传播方式，不仅增强了公众对传统文化的认知和兴趣，也为文化旅游产业注入了新的活力。

（2）困境与应对之法

目前洛阳等地已经成功获批设立国家级河洛文化生态保护实验区，但在古村落的数字化保护方面，特别是在河洛民居的数字化保护领域，工作尚处于探索和尝试阶段，面临着许多挑战与困境。这些困境包括技术水平、数据收集与整理、保护意识、资金投入等方面的不足，但是也有一些应对之法。

①在技术应用层面。通过先进的计算机和三维建模技术，运用无人机、激光扫描仪等设备能够高精度地记录、存储、保存、展示和重现河洛民居的建筑风貌、空间布局及细部特征，从而实现对建筑物的精确还原和保护。几千年历史积淀了河洛地区优秀的农耕文化，反映了传统村落文化遗产与村民的生产生活体系有机融合的过程，凸显了传统民居建筑文化遗产的经济价值、历史文化和艺术特色。将传统建筑文化与现代数字技术相结合，通过图片拍摄、录像等方式，将河洛传统民居建筑转化为数字档案进行储存。然而，河洛民居建筑的资源描述对象往往是实体资源，如民居、纹样、景观、祠堂等，数字资源的文字、音视频、图片等，非物质类资源如文化精神、民间故事等。除此之外，也可以利用虚拟空间技术增强地域特色建筑给人们的感知力，提高他们对于传统建筑的认知。

②数据收集与整理层面。首先河洛民居的数字化保护需要获得大量的数据信息，如民居的选址布局、空间格局、历史文献、图文图像等非物质文化遗产大数据。其次，在收集到大量数据信息后，还需要对这些数据进行整理和分析，建立河洛民居的数字化档案库，以便更好地利用这些数据。需要对收集到的数据进行分类、归纳、总结，形成一个完整的、系统的河洛民居数据信息库，为后续的保护和传承工作提供数据支持。这个数据信息库将为我们的数字化保护工作提供一个清晰的、有序的数据基础，使我们能够更加高效、

准确地进行后续的工作。最后，随着河洛民居数字化保护项目的推进，还为相关领域的研究者提供了更为便捷和高效的研究工具。通过数字化模型，研究者可以进行各种模拟实验和数据分析，从而更深入地探讨河洛民居的建筑艺术、历史文化价值以及保护修复技术等问题。

③保护意识层面。首先，要提升公众对河洛民居历史价值的认知。通过开设相关课程、举办展览、讲座、文化活动等形式，加强教育培训普及工作，向公众展示河洛民居的民居建筑特色、历史渊源和文化内涵，提高公众对河洛民居保护的认识和重视程度。其次，要培养公众的文化传承意识。河洛民居作为传统文化的载体，其保护和传承是每一个公民的责任。通过媒体宣传、社区活动等方式，倡导尊重传统、珍惜文化的理念，引导公众积极参与到河洛民居的保护和传承中来；同时，要加强公众对河洛民居保护政策法规的了解。政府应制定和完善相关法律法规，明确河洛民居的保护范围、责任主体和处罚措施，并通过多种渠道进行宣传普及，使公众了解并遵守相关法律法规，共同维护河洛民居的安全和完整。最后，在提升河洛民居保护意识的过程中，搭建交流合作平台、建立志愿者团队，强化与社会各界的沟通联系。鼓励社会各界人士、专家学者、志愿者等积极参与到河洛民居的保护工作中来，形成全社会共同关注、共同参与的良好氛围，共同推动河洛民居保护工作的深入开展。

④资金投入层面。政府需要设立专项资金，用于河洛民居的修缮、维护和保护工作。这些资金包括中央和地方政府的财政拨款，以及国际援助或企业捐赠。例如，河南省对于满足条件的历史文化传统村落，每个村落都将获得180万元的省级财政补助资金。与省级财政补助类似，获得中央财政补助的村落也需要满足一系列条件，截至目前，洛阳市已有20多个传统村落共获得中央财政资金补助和省级财政资金补助共计超过一亿元。同时，考虑到建筑的维护成本和修复成本，需要大量的资金来维护和修复。这包括了对建筑的定期检查，材料和技术成本的逐年增加，以及对破损部分的修复，人力成本每年也需要花费一笔不小的开支。另外，社会各界也可能通过捐赠、赞助或投资等方式参与河洛民居保护的资金投入。总的来说，河洛民居保护在资金投入上需要政府、社会各界共同努力，通过多种渠道和方式筹集资金，以确保这些珍贵的文化遗产得到妥善保护和传承。

2. 数字化保护的紧迫性与重要性

河洛民居作为地区特有的文化资源，具有唯一性和独特性。然而，随着城市化进程的加速和自然环境的变化，古建筑年久失修，其质地、色彩、材料等十分脆弱，极易遭受人为或自然因素的损坏，面临着严重的保护压力，河洛民居进行数字化保护显得尤为紧迫。

（1）技艺传承方面

目前掌握精湛工艺的人员越来越少，古建筑涵盖的建筑技艺、工艺元素、设计理念、装饰样式等宝贵信息正逐渐失传与流失，这在一定程度上限制了河洛民居的修复与保护，使得其面临失传的风险。通过数字化技术手段，对传统民居营造技艺进行详细的解读和展示，可以让观众深入了解其历史渊源、制作流程、文化内涵和工艺特点。同时，利用 VR、AR 等技术，营造沉浸式的展示环境，让观众身临其境地感受传统民居营造技艺的魅力。

河洛民居建筑在手工测绘和摄影记录方式上也会存在一定程度的信息丢失。手工测绘主要依赖于人工操作，测量数据的准确性和完整性受到个人技术水平、实践经验和主观判断的影响而被限制，而且在手工测绘过程中一些细微的建筑特征和装饰细节可能无法被充分捕捉和记录下来。传统的摄影记录方法无法全面记录建筑的三维结构和细节，尤其是在光线、角度和分辨率等方面的局限性，可能会导致一些重要信息的遗漏。此外，摄影记录在后期处理过程中通过各种软件处理原始图像的外观，也会使记录信息失真，影响信息的真实性。为了减少信息丢失，现代技术如三维激光扫描技术被引入到古民居建筑的测绘和记录中，这种技术能够快速、非接触、高精度地测量古建筑，生成详尽的点云数据，进而构建精确的三维模型。然而，这种技术的应用仍面临成本高、技术门槛高等挑战，目前尚未得到广泛应用。

（2）自然灾害方面

由于河洛地区地势复杂，山洪和泥石流等自然灾害频发，这些对河洛民居这类砖木或土木结构的古建筑构成严重威胁，增加了其保护的紧迫性。在 2021 年的洪灾中，巩义市河洛镇的许多房屋倒塌或严重受损，导致大量居民失去家园。为了应对自然灾害对河洛民居保护的影响，政府和相关部门虽然采取了科学规划、灾后重建、加大宣传力度、提高民居保护的认识和重视程度等一系列措施，但效果并不明显，河洛民居保护仍面临诸多困难。而数字化技术能够对这些建筑进行高精度的记录和建模，为未来的修复和保护工作提供重要数据。通过数字化保护，可以有效地保存这些文化遗产的信息，即使在物理形态无法保存的情况下，也能保证文化的传承，为未来的修复和保护工作提供重要数据。

（3）旅游资源与文化体验方面

对旅游资源的市场开发而言，河洛民居数字化保护同样展现出了巨大的潜力和商机。随着人们对文化旅游体验要求的提升，数字化保护不仅局限于文化传承，还可与旅游、教育、文创等领域深度融合，数字化民居成为新的旅游热点。以2024年洛阳劳动节假期为例，累计接待游客达到了683.87万人次，旅游总收入达到了59.57亿元，同比分别增长7.41%和13.71%。数字化技术也有望催生一系列具有河洛文化特色的文创产品，满足市场的多元化需求。

在增强文化体验方面，数字化技术将大量文化资源转化为数字资源，提供的虚拟博物馆和在线展览，使观众能够在不受时间和空间限制的情况下，全方位地了解和体验河洛民居文化，提供更加便捷互动方式和更加丰富的文化体验。例如，国家大剧院的音乐会可以通过"8K+5G"高清直播让观众在家中欣赏到高水平的演出。通过数字技术，用户可以进入虚拟现实游戏与河洛民居文化进行互动，如通过触摸屏进行信息的查询和探索，让玩家体验到河洛古典园林和建筑民居的诗意之境，这种互动式的学习方式能够增强用户的参与感和体验感。数字化技术的发展还促进了文化产业的创新。通过数字化技术，文化产品和服务的生产和传播方式得到了极大的丰富和改进，为文化产业的发展注入了新的活力。例如，数字沉浸式体验已经成为文化旅游的新趋势，通过VR技术，游客可以沉浸式地参观古代建筑、探索历史遗迹，体验到前所未有的文化之旅。

研究发现，在文化遗产的保护、技艺传承的延续、旅游资源的开发和科学技术的研究等方面，数字化保护不仅能够有效记录和保存河洛民居的文化传统，也为推动河洛民居文化的传承和发展提供了新的途径和手段。第一，河洛民居的数字化保护能够全面、有效地记录其传达的信息，包括历史、工艺、构造等。这有助于保存和传承这些宝贵的文化遗产，为后人留下丰富的历史记忆。第二，通过数字化技术，可以将河洛民居的精湛工艺进行数字化记录和展示，使更多人了解和掌握这些技艺。这有助于传承和弘扬这些独特的文化遗产，为当地文化的繁荣和发展作出贡献。第三，河洛民居的数字化保护可以为其旅游开发提供有力支持。通过VR等技术手段，可以展示河洛民居的历史风貌和文化内涵，吸引更多游客前来参观和体验。这有助于推动当地旅游业的发展，促进经济增长。第四，数字化保护为河洛民居的科学研究提供了丰富的基础数据。研究人员可以通过分析这些数据，深入了解河洛民居的历史、文化、建筑特点等方面，为相关学科的研究提供有力支持。因此，为了更好地保护、传承和利用河洛民居这一宝贵的传统文化遗产，采用数字化技术进行保护显得尤为紧迫和重要。

6.2.2　河洛民居数字化保护的技术手段

河洛民居作为我国传统建筑的重要组成部分，其数字化保护技术手段主要包括以下几个方面。

1. 三维激光扫描技术

三维激光扫描技术，作为现代测绘领域的一项重大技术革新，以其高精度、高效率和非接触性等特点，在众多领域展现出了强大的应用潜力。该技术基于激光测距原理，能够实时、主动地获取坐标数据，为各种复杂环境和多个领域的研究提供强有力的数据支持。如在建筑领域，它可以用于建筑结构监测、变形分析等；在文物保护领域，可以用于文物数字化保护和修复等。

三维激光扫描技术在河洛民居数字化保护中的应用，表现在以下几个方面。首先，数据快速获取与高精度建模。三维激光扫描技术能够以极高的精度捕捉河洛民居的每一个细节，包括建筑的形态、结构、色彩和装饰等，为后续的保护和修复工作提供了精确的数据支持。在确保不干扰原有结构的前提下，完整地记录下古建筑的信息。其次，文化遗产的数字化档案建立。通过三维激光扫描技术，可以建立河洛民居的数字档案，这些档案可以长期保存，并用于未来的研究、教育和管理。数字化的档案便于共享，研究者和学者可以通过这些数据进行远程访问和研究，促进学术交流和合作。再次，促进文化遗产的管理与维护。结合区块链、物联网等技术，可以利用三维扫描数据对河洛民居进行实时监测，及时掌握其健康状况，预防和减少潜在的风险和损害。通过对收集到的数据进行分析，管理人员可以更科学地制定保护策略和措施，提高文化遗产管理的效率和效果。最后，推动文化遗产的创新利用。结合现代设计理念和技术，可以利用三维激光扫描技术获取的数据开发与河洛民居文化相关的创意商品，如3D打印模型、数字游戏、网红纪念品等，满足现代消费者的需求。

总的来说，三维激光扫描技术在河洛民居数字化保护中的应用，不仅提高了数据采集的精度和效率，还促进了文化遗产的管理、维护、教育和创新利用。这一技术的应用充分展示了科技在传统文化保护中的重要作用，为河洛民居文化的传承和发展开辟了新的道路。

2.GIS

GIS 作为一种集数据采集、管理、分析和显示于一体的空间数据分析工具，能够对地理空间数据进行有效管理和分析，支持多种空间数据的处理和地图的制作。这些特性使得 GIS 技术成为河洛民居数字化保护中不可或缺的工具。在河洛民居数字化保护中 GIS 的应用主要体现在以下几个方面。

首先，空间数据采集与管理。GIS 能够有效采集河洛民居的周边环境，整合河洛民居的地理位置、地形地貌等的空间数据，包括民居的位置、形态、尺寸、材料等信息，为文化遗产的管理提供一个全面的地理信息平台。这些数据被储存在 GIS 的数据库中，可以实现对河洛民居相关数据的高效存储、检索和管理，便于后续的分析和应用，从而提高保护工作的效率和准确性。其次，空间数据分析与决策支持。利用 GIS 的缓冲区分析、视域分析等空间分析功能，可以对河洛民居的空间分布、景观格局、民居与环境的相互关系等进行深入研究，帮助管理者评估保护措施的必要性和可行性。基于这些分析结果，管理者可以更合理地配置保护资源，提高管理的效率和水平，实现科学的保护决策。再次，可视化建设与文化传播。利用遥感技术和三维激光扫描技术，可以为河洛民居构建三维数字模型和空间数据。这些模型不仅可以用于全域查询或展示，为公众提供直观、生动的民居形象，还可以用于模拟和分析民居在不同环境下的状况。通过 VR 技术和"互联网+"传统村落的结合，可以实现传统民居逼真、形象的表达。最后，灾害预警与应急响应。利用 GIS 技术可以进行河洛民居的灾害风险评估，这些灾害包括地质灾害、水文风险等。基于 GIS 的空间分析，在发生自然灾害或其他紧急情况时，该系统可以迅速评估民居的受损情况并制定应对措施以减轻损失，为风险防范和保护提供科学依据。

综上所述，GIS 技术在河洛民居的数字化保护中扮演着多重角色，从数据采集到空间分析，再到展示传播和保护传承，都体现了其在文化遗产保护领域的重要价值。随着技术的不断进步，GIS 在河洛民居保护中的应用将更加广泛和深入。

3.VR 与 AR 技术

（1）VR 技术

在民居建筑遗产保护领域，数字技术的 VR、AR 等，已展现出巨大的应用潜力。通过 VR 技术构建河洛民居的 BIM 模型，由数据收集、建模、VR 环境搭建、交互设计、优化与测试、成果展示六步组成。

①数据收集：首先需要收集河洛民居的详细建筑数据，这可能包括平面图、立面图、剖面图以及建筑的尺寸、材料等信息。这些数据可以通过实地测绘、历史文献研究或现有建筑信息模型获取。②建模：使用专业的 BIM 软件，如 Revit、ArchiCAD 等，根据收集到的数据创建河洛民居的三维模型。这个过程中需要精确还原建筑的每一个细节，确保模型的准确性。③ VR 环境搭建：将完成的 BIM 模型导入到 VR 软件中，如 Unity、Unreal Engine 等，这些软件能够将三维模型转化为虚拟现实环境。在这个环境中，用户可以通过 VR 头显和手柄等设备进行交互，如同置身于实际的河洛民居中。④交互设计：为了增强用户体验，可以在 VR 环境中加入交互设计，如允许用户移动家具、更改墙面颜色、打开窗户等。这些交互可以帮助用户更好地理解建筑的空间布局和设计理念。⑤优化与测试：在整个过程中，需要不断优化模型和 VR 环境，以提高渲染质量和交互流畅性。同时，进行多次测试，确保模型在 VR 环境中的稳定性和准确性。⑥成果展示：最后，将构建好的河洛民居 VR 模型展示给相关利益方，如建筑师、历史学家、游客等，让他们能够通过 VR 技术亲身体验河洛民居的魅力。

（2）AR 技术

AR 技术可以帮助实现河洛民居的数字化复原，通过将虚拟信息叠加到真实环境中，生成仿真、感观互动的虚拟环境，使得用户能够直观地感受到河洛民居的原貌。它不仅能够提升游客的参观体验，还能够为河洛民居的保护和传承提供新的视角和工具。同时，AR 技术的应用也有助于提高公众对河洛民居保护重要性的认识，促进文化遗产的保护和传承。AR 技术帮助实现河洛民居的数字化复原的过程包括以下环节。

首先，专业团队会对河洛民居进行详细的测量和记录，包括尺寸、结构、装饰细节等。然后，利用三维建模技术，根据收集到的数据创建出河洛民居的精确数字模型。这个模型可以用来模拟河洛民居在不同历史时期的外观，以及在遭受自然灾害或人为破坏后的状态。接着，通过 AR 技术，将这些数字模型与真实的河洛民居遗址相结合。用户可以通过智能设备，如手机或平板电脑，扫描遗址现场，AR 系统会自动识别并在屏幕上叠加出河洛民居的数字化复原图像。这样，用户就能够看到河洛民居在不同历史时期的样子，甚至是在受损之前的原貌。此外，AR技术还可以设计用于教育和娱乐目的的小程序或互动游戏，让用户在参观过程中参与解谜或者寻宝活动，增加参观的趣味性。

利用VR和AR技术实现河洛民居的三维模型建造，这不仅有助于保留现有建筑历史文化信息，使其不至于因现代化进程而消失，而且有助于实现乡村建筑遗产的有效传承，为城镇化进程中现代建筑设计提供建筑文化借鉴。这种交互式的展示方式，极大地提升了公众对河洛民居文化的认知和兴趣。

4. 数字孪生技术

数字孪生技术是指通过建立一个平行于真实物理世界相对应的数字化模型，实现对真实世界的模拟和仿真，实现对结构的实时监控、维护以及分析预测。这种技术将河洛民居的信息和特征数字化，在虚拟环境中实现对其进行保护和管理，使得文化遗产的保存和展示达到了一个新的高度。

数字孪生技术在河洛民居数字化保护中的应用主要体现在四个方面。一是精确复制与长期保存。数字孪生技术可以对河洛民居的每一座建筑进行精确的三维扫描和建模，复制其物理属性和形态结构。这种高精度的数字复制不仅有助于文化遗产的档案保存，还能为未来的研究提供丰富的数据资源。二是实时监控与预警系统。在河洛民居的关键部位安装传感器，收集结构稳定性、温湿度、光照等数据，这些数据实时反馈到数字孪生模型中。利用数字孪生模型进行数据分析和模拟，可以预测潜在的破损风险并提前采取保护措施，从而减少实际损害的发生。三是虚拟旅游与文化教育。利用数字孪生模型，公众可以在虚拟环境中游览河洛民居，享受沉浸式的文化体验。这种方式不仅扩大了文化遗产的受众范围，还提升了参观的互动性和教育效果。学者和教育者可以利用数字孪生模型进行教学和演示，通过对比分析和虚拟实验，帮助学生更好地理解河洛民居的建筑技艺和文化价值。四是数据分析与研究支持。研究人员可以利用数字孪生模型进行结构应力、材料疲劳等分析，这有助于了解古建筑的稳定性和耐久性，为修复工作提供科学依据。

数字孪生模型作为一个开放的数据平台，可以支持考古学、建筑学、物理学等多学科的交叉研究，推动文化遗产研究领域的科技进步。而且，数字孪生技术有助于监测和优化能源使用，通过监控数据，管理者可以更有效地分配维护资源，比如，针对特定的磨损区域集中进行修复，提高资源使用的效率和效果。调整室内外照明，以达到节能减排的目的。

数字孪生技术在河洛民居保护中也存在一定的局限性，如技术成本、数据更新与维护、技术适用性等方面。一方面，建立和维护河洛民居的数字孪生模型需要较高的技术投入，包括专业设备和软件的购置、维护以及专业人才的培养，这对于资金有限的保护项目来说可能是一个挑战。而且，随着时间的推移，河洛民居需要定期更新数字模型，要求有持续的数据收集和模型更新机制，增加了维护的复杂性和技术成本。另一方面，河洛民居的特点和保护需求各异，现有的数字孪生技术可能需要针对不同类型的民居进行定制化开发，用以满足特定的保护需求。

综上所述，数字化技术在助力传统民居文化传承方面具有巨大的潜力和优势，但也面临着一些挑战，如数字化技术对传统文化的影响、数字化技术的安全问题以及老化问题等。因此，在利用数字化技术传承传统民居文化时，需要充分考虑这些挑战，并采取相应的措施加以应对，才能有效推动传统民居文化的传承和发展。

6.2.3 数字化保护的实施步骤

河洛民居数字化保护的实施步骤主要包括以下四个阶段。

1. 前期准备阶段

河洛民居数字化保护的前期准备阶段是整个保护工作的关键环节，它涉及对传统村落的全面认识和规划。具体工作内容包括三个方面：首先在实施数字化保护之前，需要组织团队，组建一个由规划专家、历史学者、建筑师、当地居民代表等组成的团队，对河洛民居进行详细的调查和记录，以确保收集到的数据全面且准确。这些信息包括建筑的历史、文化、结构、装饰、环境现状等方面，也包括人口、土地利用、经济发展、相关政策法规、历史文献、规划资料等。其次，进行资源调查和现场踏勘，确定修编目标和任务。对河洛地区的资源进行全面调查和实地考察，包括村落的历史建筑、古树名木、非物质文化遗产等基本情况。根据调研情况多方汇总，制定数字化保护的规划与目标，明确保护重点和工作重点。如保护传统村落的完整性、提升居民生活品质、促进可持续发展等，并根据目标细化修编任务。最后，根据调研保护目标选择适合的数字技术（如3D扫描、VR、AR、数字孪生等），并据此编制预算。考虑到项目的可持续性，预算中应包括未来的维护和更新成本。

2. 数据采集与处理阶段

数据采集和数据处理是将采集到的原始数据转化为可用信息的过程，包括数据清洗、分类、分析和存储等。数据采集过程中利用现代测绘技术对民居建筑的外观、结构、装饰、材料等方面的详细测量和记录，精确地获取河洛民居的三维数据，使用专业的软件工具对数据进行处理，可以提取出河洛民居的关键特征和价值信息，为保护和修复工作提供科学依据。例如，可以利用 BIM 技术对河洛民居进行三维建模，实现对建筑全周期的管理和控制，提高建筑设计与施工的效率。此外，还可以通过摄影、摄像等手段记录河洛民居的内外环境和周边景观，为整体保护提供更多维度的信息。

（1）常用测绘技术

进行数据采集的常用测绘技术主要有七种。①三维激光扫描技术：这种技术能够快速、精准、完整地获取物体表面的三维点云数据，适用于古建筑的数字化保护。它具有非接触性、高效率、高精度等特点，能够减少对古建筑的物理损害，并便于长期动态的实时管理。②无人机倾斜摄影技术：结合三维激光扫描技术和无人机倾斜摄影技术，可以高效、精确地获取传统风貌街巷的测绘数据。这种技术提高了测绘工作的效率，保证了测绘成果的精度，并丰富了测绘成果的形式。③遥感技术：遥感技术是一种基于时间和空间分辨率的高效信息采集技术模式，它能够完成数据的采集和汇总，并结合实际需求实现数据处理分析。在宅基地测量领域中，遥感技术可以直观地分析土地确权项目内容，及时汇总视频数据、图片数据等，配合相应的处理机制就能获取高分辨率的正射影像。④ GPS–RTK（实时动态）技术：这种技术基于转换坐标系统以及数据预处理机制，能够建构完整的信息管理模式，配合数据预处理工序，及时发挥数据的应用价值，有效实现精准化数据传输以及信息解码作业。⑤地籍测量建模技术：地籍测量建模技术主要应用在农村宅基地地基评估分析工作中，基于信息资源数据内容打造完整的建模方案。地籍测量建模技术具有较强的智能化应用特点，能配合自主监控视频信息模式维持相应工作的科学性和安全性。⑥远程控制技术：利用计算机远程管理控制模块，可以配合数字化监控中心建立完整的控制模式，维持大范围内控制处理的科学性，并满足数字化平台应用控制的基本要求，更好地满足测绘横向、纵向汇总分析要求，建立特定测量坐标系的基础上优化数据评估分析的精准性。⑦云数据库技术：这种技术可以实现云计算、云存储以及云共享等环节的联动处理，提高测绘工作的实效性，也能保证后续处理环节相匹配，维持整体资源数据整合控制的科学效果。

（2）数据处理

数据处理主要包括以下七个步骤。①档案整理与分类：首先需要对河洛民居的相关档案进行整理和分类，按照不同的类别、年代或用途进行划分，确保每一份档案都有清晰的分类标识。②扫描与数字化：将纸质档案进行扫描，转换成电子文件，可以选择保存为图片格式（如 JPEG 格式）或可编辑的文件格式（如 PDF 格式）。③元数据标注：对每个电子档案文件进行元数据标注，包括文件名称、创建日期、文件格式、关键词等信息，以便于在数字化档案系统中进行搜索和检索。④数据备份与安全性管理：对数字化的档案进行数据备份，确保档案信息的完整性和安全性。同时，建立权限控制机制，对档案的访问和编辑进行严格管理，防止未授权的修改和泄露。⑤数据信息的处理、管理与利用：描述数据信息处理的技术、流程、指标等，保证处理结果符合规定的要求。建设河洛民居综合业务管理系统的相关内容，以实现文物管理、文物数字信息管理等智能化、统一化目标。详述数据信息在展示、教育、服务等方面所用的技术和设备，明确相应技术路线与参数，以实现线下、线上数据资源高效利用。⑥实施进度：提出数字化保护方案的实施周期和起止时间，并详细列出各个时间阶段的具体工作内容。⑦安全和保障措施：根据河洛民居数据采集现场情况、文物状况等具体情况，说明可能存在的风险及技术风险，并对风险提出应对措施，包括组织保障、技术保障、实施保障、资金保障等，确保数字化保护方案的顺利实施和长期运营。

3. 三维建模与可视化阶段

利用三维建模技术在虚拟空间中构建出具有模型，这种技术为河洛民居的数字化保护提供了全新的解决方案，使得民居的原貌可以以数字化的形式保存下来，为科学研究提供了依据。

在河洛民居的数字化保护中，通常可以采用以下五种三维建模技术。①三维激光扫描技术：这种技术可以快速、非接触、高精度地测量古建筑，获取建筑物的三维点云数据。通过这些数据，可以重建出河洛民居的三维模型，为后期的保护和修复提供基础数据和修复模型。②摄影建模技术：它是通过拍摄大量高清照片，并利用专业建模软件进行图像处理和三维重建，生成建筑物的虚拟模型。与三维激光扫描相比，摄影建模技术则更为便捷和经济。虽然其精度可能略低于激光扫描，但适用于快速捕获建筑物的外观和结构，特别是在需要记录大范围区域或当预算有限时。此技术已成功应用于捕捉建筑物的外观、街道、城镇等空间局促且人流密集的场所。③无人机倾斜摄影测量技术：运用计算机技术和 3D 技术，对河洛地区的建筑群进行三维模型采集与模型处理，以及对模型进行增强现实的展示。这种技术可以便捷地进行河洛建筑群的三维模型采集以及增强现实展示，并能够适用于其他项目。④三维 Web GIS 技术：这是一种将三维可视化技术与 GIS 相结合的技术，利用 VUE 和 Cesium 等开发框架，构建一套完整的基于三维 Web GIS 的河洛民居可视化平台，是一个创新且实用的项目，旨在通过数字化手段实现河洛民居的保护和宣传。⑤三维扫描服务：为了获取河洛民居的高精度三维数据，采用三维激光扫描和无人机航拍等技术手段。这些技术手段可以全方位、多角度地捕捉民居建筑的细节信息，通过后期制作生成高质量的三维模型，为河洛民居建筑文物数字化保护提供基础数据。

例如，在河洛民居的可视化呈现项目中运用先进的可视化技术，将河洛地区独具特色的民居建筑进行数字化重现，让传统的河洛民居以全新的方式展现在世人面前。这不仅是对河洛文化的一次深入挖掘与传承，更是传统与现代科技结合的一次大胆尝试。通过高精度的三维扫描技术，将一砖一瓦、一梁一柱，对河洛地区的典型民居进行精确地、全方位的数字化采集。这些数字模型不仅保留了民居的原始风貌，更能在虚拟环境中进行自由浏览与交互，使观众仿佛置身于真实的河洛古民居之中。

从多个角度来看，可视化技术在河洛民居的数字化保护中发挥着重要作用，它通过三维模型展示、历史场景再现、数据分析与展示以及互动体验等方式，使民居的数字信息得以直观、生动地呈现给公众。这些技术不仅有助于研究人员更好地理解和研究民居的特点和价值，还有助于增强公众对传统文化的认识和尊重。而且，河洛民居的可视化呈现还蕴含着巨大的市场潜力。在文化旅游日益兴盛的背景下，这一项目无疑为河洛地区吸引游客增添了新的亮点。通过虚拟现实技术的结合，游客不仅能观赏到民居的外观，还能深入了解其内部结构、历史背景以及文化内涵，从而获得更加丰富的旅游体验。

4. 数字档案的建立与管理阶段

河洛民居数字档案的建立旨在通过数字化技术，对河洛民居进行全面的记录和存档，从而实现对这些建筑的信息化管理。这不仅有助于提高保护和传承的效率和效果，还能促进传统民居建筑相关信息的共享和交流，加强各地区、各部门之间的合作与协同，提高保护和传承工作的整体效果。

数字档案的建立与管理是一个涉及多个步骤和方面的系统过程，以下是对其建立与管理的分解步骤。①实地调研与基础设施建设：实施河洛民居调查记录研究工程，坚持理论工作与田野调查相结合，针对不同建筑形式采取不同记录工作。相关部门制定中长期行动计划，在五年内完成河洛地区建筑遗产的全面调查。采购或配置的硬件设备包括服务器、计算机终端、扫描仪等，这些都是数字化档案存储和处理不可或缺的部分。在软件系统开发方面，需要开发或采购适合的数字档案管理系统或软件，支持档案的采集、存储、检索和利用等功能。②数字化记录：采用专业的数字化技术，科学制定记录标准，将河洛民居的建筑特征、历史背景、文化价值等信息进行数字化记录，并进行分类和索引，以便快速查找和检索。尝试建设"河洛文化生态保护区非物质文化遗产信息公共服务平台"，探索非遗数据资源和其他公共服务平台的互联互通。③建立档案库：河洛民居数字档案管理系统应选择适宜、持久的数字格式进行存储，以减少技术更新带来的兼容性问题。同时，制定统一的元数据标准，将河洛民居的纸质资料、电子资料、影视资料等类型编码登记入库，建成"河洛文化档案库"，实现对档案和资料的存储、保管、管理和维护等功能。④系统的设计与实现：河洛民居数字档案管理系统的设计与实现应包括用户管理、传统建筑信息管理、建筑分类管理等功能模块，同时还需要考虑到系统的易用性、可扩展性和安全性。系统的建设应遵循统一管理、全程管理、业务驱动、方便利用、确保安全的原则，以确保数字档案始终处于受控状态，确保数字档案真实、完整、可用、安全。⑤系统管理与优化：为了保证档案数据的安全性和可靠性，定期对系统功能、安全性进行评估、备份、监控和优化。

在特色整理方面，可以结合河洛民居的类型（如庭院式民居、洞穴式民居）和建筑文化特征，对数字档案进行分类和标注。同时，考虑到河洛地区特殊的地理文化环境，如丘陵和山地地貌丰富，石材、木材为主要建筑材料等，对数字档案进行针对性的保存和管理。

通过上述步骤的制定和实施，不仅可以实现对河洛民居的全面、立体、科学的数字化保护与修复，还可以提高社会公众的参与度和认知度，使其历史价值和文化意义得到更好的传承和发扬。

6.2.4 河洛民居数字化保护的挑战与对策

河洛民居作为我国传统建筑的重要组成部分，其数字化保护面临多方面的挑战。首先，河洛民居的建筑结构复杂，包含了大量的历史信息和文化价值，这使得数字化保护工作的技术难度极高；其次，由于历史悠久，许多河洛民居的原始资料缺失，这给数字化保护带来了极大的不便；最后，河洛民居的保护还需要考虑到现代社会的发展需求，如何在保护传统文化的同时，实现其与现代生活的和谐共生，也是一个重要的挑战。

1. 技术难题与解决方案

（1）技术难题

河洛民居数字化保护的技术难题主要包括数据收集与整理的困难、技术集成与应用的挑战、保护与开发的平衡等。

在数据收集与整理方面，河洛民居分布广泛，历史悠久，涉及的数据量巨大且复杂，这些数据不仅包括建筑样式、使用材料、地理位置、历史变迁等物理结构，还涉及更加复杂的非物质文化遗产，如传统习俗、民间艺术等多维度，如何高效准确地收集和整理这些数据是一大挑战。同时，由于不同数据来源的格式和质量差异，数据整合也面临挑战。而且，许多河洛民居位于偏远山区，交通不便，增加了实地调查的难度。也受限于当地民众的保护意识和技术水平，部分珍贵数据面临丢失的风险。在面临技术集成与应用的挑战中，数字化保护需要多种技术的集成应用，如 GIS 技术、3D 扫描和建模、大数据分析等，在经费有限的情况下，软硬件的成本投入与收益效果的平衡，也需要精心谋划。随着技术的迅速发展，更新换代速度快，如何将这些技术有效整合，以适应河洛民居的复杂结构和细节要求是技术上的一大难题，这对研究保护的团队提出了更高要求，需要其不断学习和掌握新技术。后期为了实现沉浸式的体验，需要将河洛民居的数字化成果与虚拟现实技术相结合。然而，虚拟现实技术的实现需要高性能的硬件支持和复杂的软件开发，增加了技术实现的难度。在保护与开发的平衡方面，政府部门起到政策和法规的支持作用，颁布或实施有明确的指导方针和法律保障来规范数字化保护的实施。同时，在数字化保护的同时，还需考虑民居的活化利用和地区发展需求。尽量征求当地居民的生活需求和意见，在不破坏原有文化内涵的基础上，合理开发利用，也是一大挑战。在公众参与和文化教育方面：由于前期宣传力度和河洛文化的影响力不够，公众对河洛民居的整体认知不足，缺乏足够的文化自豪感和保护意识，这影响了社会各界对保护工作的关注和支持。

（2）解决方案

针对这些困难和挑战，其解决方案主要有建立标准化的数据收集流程、采用先进的数字化技术、开发专用的虚拟现实平台、制定综合性的保护方案。

首先，建立标准化的数据收集流程，制定详细的数据收集标准和操作流程，确保收集到的信息准确、全面。例如，可以采用现代测绘技术结合人工调查的方式，对河洛民居进行精确测量和记录，利用无人机等现代技术进行空中拍摄和遥感测绘，提高数据收集的效率和覆盖面。其次，采用先进的数字化技术，针对河洛民居的复杂结构和细节要求，可以引入 3D 扫描和建模技术，如基于点云数据的建模、基于图像的建模等，对民居进行立体化的数字再现，这不仅有助于保存当前状态，还可以在虚拟环境中进行各种模拟和分析。运用大数据和云计算技术，构建河洛民居信息平台，实现数据的集中管理和共享，便于研究和监测。再次，可以开发专用的虚拟现实平台，支持大规模场景的可视化和沉浸式的体验。该平台除了需要具备高性能的图形渲染能力、实时的交互功能以及丰富的场景内容，而且还需要考虑用户的使用习惯和体验需求，提供友好的界面和便捷的操作方式。最后，制定综合性的保护方案，加强与地方政府、文化部门的合作，争取更多的政策和资金支持，为保护工作提供充分的保障。适时建立合作机制，邀请建筑、历史、文化等领域的专家和技术人员共同开展研究，通过多方合作，汇聚智慧和力量，共同制定科学的保护和修复方案，并解决技术难题，推动项目进展。例如，可以依据"以点成线，以线带面"的策略，优先保护那些具有关键意义的节点，逐步扩展到整个区域。此外，还可以增强公众参与和文化教育的宣传，一方面在洛阳等地区的各级各类学校中增加有关河洛文化的必修课程和创意活动，培养学生的文化自豪感和保护意识，加强培训和人才的培养工作。另一方面，利用现代媒体工具，通过举办展览、讲座等形式扩大宣传的范围和深度，增强公众对河洛民居文化的了解和兴趣，提高相关人员的专业素质和技能水平，为项目的顺利实施提供有力的人才保障。

2. 资金与人力资源的保障

河洛民居数字化保护的资金与人力资源保障需要政府、社会各界和专业机构的共同努力。通过多方合作和共同努力，确保河洛民居的数字化保护工作取得实效，为传承和弘扬河洛文化做出积极贡献。可以从两个方面进行分析。

（1）资金保障

河洛民居数字化保护的资金保障主要来自政府拨款、社会资本参与以及专项基金等多个渠道。政府在河洛民居保护中扮演着重要角色，通过设立专项资金，用于支持河洛文化的保护项目。例如，洛阳博物馆"河洛文明展"数字化保护项目明确提到了资金来源为财政投资。这意味着政府对该项目给予了高度的重视和支持，为项目的开展提供了稳定的资金来源。同时，政府还可以通过减免税收、提供低息贷款等方式鼓励国际合作、社会资金参与河洛文化保护，形成多元化的保护机制。例如，国家文物局和地方文化部门可以提供财政补贴或项目资助，以覆盖基础调研、技术购置、人员培训等费用。此外，还需要制定详细的预算计划，对项目各个环节的开支进行严格控制，避免资金的浪费和滥用。

（2）人力资源保障

河洛民居数字化保护的人力资源保障涉及专业技术人员的培养和引进，以及志愿者和社区居民的参与。需要组建由文物保护专家、数字化技术专家、设计师等多领域人才组成的专业团队，确保项目的技术性和专业性。进一步加强对团队成员进行系统的培训和教育，提高其专业技能和综合素质，使其能够更好地适应项目需求。专业技术人员负责进行数字化技术的研发和应用，包括三维建模、虚拟现实技术、数字摄影摄像技术等。因此，需要积极引进国内外优秀专业人才，为项目注入新的活力和创新力。同时，志愿者和社区居民的参与可以提高保护工作的社会关注度和参与度，有助于保护工作的顺利进行。建立合理的激励机制，激发团队成员的工作热情和积极性，提高项目执行的效率和质量。

3. 法律法规与政策支持

随着数字化技术的快速发展，相关的法律法规和政策支持也在不断完善，以确保传统民居得到有效的保护和合理的利用。在法律法规方面，我国已经出台了一系列旨在保护传统村落和古民居的法律，如《中华人民共和国文物保护法》和《历史文化名城名镇名村保护条例》等，为河洛民居的保护提供了基本的法律依据，明确了保护的责任和义务，以及违法行为的法律责任。同时，在数字化过程中，没有专门针对民居保护的法规，但可以遵循相关的技术标准，如数字记录标准、版权和所有权的具体法律条文，来确保数字化成果的质量和明确权益的归属。

在政策方面，国家和地方政府都出台了一系列扶持政策，鼓励和引导河洛民居的数字化保护工作。例如，《财政部办公厅　住房城乡建设部办公厅关于组织申报 2024 年传统村落集中连片保护利用示范的通知》（财办建〔2024〕15 号）中提到，要探索破解农村房屋流转、建设用地、融资等传统村落保护利用政策制度方面问题，提出传统民居宜居性改造、基础设施、传统村落数字化建设等方案和实现路线。同时，政府提供资金支持，用于河洛民居数字化项目的研发、实施和推广。包括资助数字化技术的研发和应用，高校、研究机构和企业组织开展相关数字化技术人才和古建筑保护人才的培养、引进，推动文化遗产数字化产业的发展等。

对于数字化技术应用，政府鼓励使用数字化技术对河洛民居进行保护和研究，推动数字化技术在文化遗产保护和管理中的应用。例如，北京市门头沟区通过数字化技术对传统村落进行了详细的记录和保护，建立了传统村落文化遗产数字平台，实现了对传统建筑的精准评估和保护。此外，还有研究者提出了传统村落数字孪生保护体系，通过与真实世界平行的数字化模型，实现对真实世界的模拟和仿真，为传统村落的保护和管理提供了新的技术支持。

4. 公众参与意识提升

公众参与可以提高河洛民居保护工作的透明度和公众满意度，同时也有助于筹集保护资金和吸引更多的社会资源。可以通过下列途径提升公众参与意识。

首先，加强宣传教育。利用媒体平台（如电视、广播、互联网等）广泛宣传河洛民居的数字化保护工作，提高公众对其重要性和紧迫性的认识。制作并发布相关教育材料，如宣传册、视频等，以生动、直观的方式向公众展示河洛民居的魅力和价值。其次，开展公众参与活动。举办河洛民居数字化保护主题展览、讲座等活动，吸引公众关注和参与。鼓励社区居民参与到河洛民居的日常管理和保护工作中来，让他们亲身感受到数字化保护工作的意义和价值，增强社区的归属感和责任感。再次，建立奖赏激励机制。政府应出台相关政策，设立奖励机制，加大对河洛民居数字化保护工作的表彰和奖励，鼓励和引导公众参与河洛民居的保护工作。最后，强化责任意识。利用数字化技术，如 3D 建模、VR 等，让公众能够更直观地了解河洛民居的原貌和保护进展，提高公众的参与兴趣，又能明确公众参与河洛民居数字化保护工作的权利和义务。

综上所述，提升公众参与意识对于河洛民居的数字化保护至关重要。通过加强宣传教育、开展公众参与活动、建立激励机制和强化责任意识等多方面的努力，可以有效地激发公众的参与热情，共同守护这份宝贵的文化遗产。未来，还需要进一步加强与相关部门的合作与沟通，形成全社会共同参与的良好氛围，共同推动河洛民居数字化保护工作的深入开展。

6.3　河洛民居文化传承对现代社会的启示

河洛民居文化，作为河洛文化的重要组成部分，不仅承载着丰富的历史文化信息，还对现代社会有着重要的启示意义。本节将探讨河洛民居文化传承对现代社会的影响和启示，具体表现在以下四个方面。

6.3.1　人与自然和谐共生的理念

河洛民居的选址与布局，体现了人与自然和谐共生的生态环保理念，这对于当今追求绿色建筑和可持续发展的设计趋势具有启发作用。民居建筑设计因地制宜，顺应自然，与周围环境相融合，在现代社会的城市建设和规划中，我们应更加注重生态保护，追求人与自然的和谐，实现可持续发展。

1. 顺应自然与融入环境

河洛民居的建造充分体现了顺应自然、融入环境的原则。这些民居并不是突兀地伫立在自然环境中，而是与周围的山水、林木等自然元素和谐共存。建筑材料质朴、色彩淡雅美观，使得民居与自然环境相得益彰，毫无违和感。

2. 简约而实用的设计

河洛民居的建筑风格简约而朴实，没有繁琐的装饰，更注重实用性。这种设计理念不仅减少了对自然资源的过度消耗，也降低了对环境的破坏。同时，民居的门窗设计也充分考虑了通风和采光的需求，使得室内环境舒适宜人，与自然环境形成良好的互动。

3. 生态环保的材料选择

在河洛民居的建造过程中，选材上倾向于使用生态环保的材料，如厚重的青砖、灰瓦等。这些材料不仅具有良好的耐久性，而且对环境的影响较小。此外，民居的地面通常由方砖铺成，既美观又实用，同时也体现了对自然资源的合理利用。

4. 蕴含"天人合一"的哲学思想

河洛民居的设计中的"天人合一"哲学思想强调人与自然的和谐统一，认为人类应该尊重自然、顺应自然、保护自然。无论是建筑的整体布局还是细部设计，都充分考虑了人与自然的互动关系，力求达到人与自然的和谐共生。

5. 可持续的生活理念

河洛民居不仅仅在建筑设计和材料选择上体现了人与自然和谐共生的理念，更在居民的生活方式上展现了可持续的生活理念。在传统河洛民居社区中，居民们日常生活中注重资源的循环利用，比如雨水收集系统用于植物灌溉和日常清洁，厨余用于堆肥等，这些都体现了对自然资源的珍惜和高效利用。

此外，河洛民居设计中还传承着许多节能减排的生活习惯，如利用自然光照明、使用节能灯具、减少不必要的电力消耗等。这些习惯不仅降低了生活成本，也减少了对环境的负面影响，是人与自然和谐共生理念的生动实践。

6.3.2　传统建筑技艺的传承与创新

河洛民居建筑技艺精湛，如窑洞式民居、合院式民居，都体现了古代工匠们的智慧和匠心。这些传统建筑技艺的传承，不仅有助于保护历史文化遗产，还能为现代建筑设计提供灵感和借鉴。同时，我们也应在传承的基础上进行创新，将传统技艺与现代科技相结合，打造出更具时代特色的建筑作品。其创新点主要有传统技艺的传承、传统建筑技艺的创新和创新中的文化传承意义。

1. 传统建筑技艺的传承

在合院式民居的延续方面，河洛民居以合院式为主，这种民居形式自夏商周时期就已存在，历经多个朝代的演变，仍然保持着其基本的建筑格局，显示了其强大的生命力、深厚的文化底蕴，自古至今得到了很好的传承。合院式民居以中轴线对称，左右两侧房屋相对而建，形成四合院的格局，设计既符合中国的传统审美，也满足了家庭成员的居住需求。在建筑材料的使用中，传统的河洛民居常用青砖和木材等建筑材料，既环保又与周围环境和谐相融，体现了古人"天人合一"的建筑理念。在建筑风格的保持上，河洛民居的建筑风格古朴典雅，注重细节和装饰。例如，屋脊上的雕花、门窗上的木雕，以及独特的屋顶铺设和排水系统设计等，都体现了对传统建筑风格的尊重和传承。

2.传统建筑技艺的创新

在当代的河洛民居设计中，建筑师们在保持传统风格的基础上开始尝试将现代设计理念融入传统建筑中。例如，在保留合院式布局的基础上，引入更多的自然光和通风设计，提高居住的舒适度。增加大面积的玻璃窗以引入更多自然光，设计开放式的庭院空间以增强室内外的互动。在新型材料的应用上，随着科技的进步，新型建筑材料如节能环保材料、可再生材料等也逐渐被应用到河洛民居的建设中，新型材料不仅提高了建筑的性能，还降低了对环境的影响。这种不断尝试新的设计理念、建筑材料和施工技术的探索和实践精神，很大程度上激发了人们的文化创造力。同时，现代化的施工技术和智能家居系统也被引入，提升了民居的舒适度和便捷性。在建筑技术的传统与现代融合上，在河洛民居的改造和新建过程中，传统的建筑技术结合现代施工方法，使得河洛民居的建设更加高效和精准。例如，采用预制装配式构件，可以大大缩短建筑周期，同时保证建筑质量。

3.创新中的文化传承意义

河洛民居在传统建筑技艺的传承与创新中，不仅延续了古老的文化血脉，还赋予了传统建筑以新的生命力和时代价值。通过实施创新，河洛民居不仅延续了古老的文化血脉，还使河洛文化在现代社会中焕发新的活力。在展示文化魅力方面，河洛民居的创新设计往往结合了现代审美和实用性，使得这些民居在外观上更加美观，在功能上更加符合现代生活需求。这种创新精神让外界更加直观地感受到河洛文化的独特魅力，有助于提升河洛文化的知名度和影响力，对于保护文化遗产、推动地区旅游业发展具有重要的意义。

在促进全球文化交流方面，全球化使得不同文化之间的交流日益频繁，河洛民居在创新中不仅保留了传统文化的精髓，还应积极吸纳其他文化的优秀元素，这种跨文化的交流与融合有助于丰富河洛文化的内涵，使其更加包容和多元。

综上所述，河洛民居在创新中的文化传承意义重大而深远。它不仅延续了河洛文化的血脉，还通过创新展示了文化的魅力，促进了文化交流与融合，激发了文化创造力并增强了文化自信。

6.3.3 家庭观念与社区精神的塑造

在河洛民居文化中，家庭观念和社区精神的塑造上得到了充分体现。如合院式民居的设计，使得家庭成员之间能够保持紧密的联系，共同维护家庭的和谐与团结，这种家庭观念对现代社会依然具有重要意义。同时，河洛民居的聚落布局也促进了邻里间的交流与互助，形成了独特的社区精神。在现代社会中，应积极倡导这种家庭观念和社区精神，营造温馨和谐的社会氛围。

1. 强化家庭观念

河洛民居的设计中，家庭伦理观念得到了充分体现。例如，供奉祖宗牌位的堂屋往往位于正房，即上房，而寿诞婚丧等重要家庭仪式也都在此举行。这种布局强调了家族的重要性和家族传统的延续。另外，居住空间的安排上也反映了家庭观念。比如，在庭院式民居中，长辈通常居住在主房，而晚辈则居住在侧房或后院，这种居住顺序体现了尊老爱幼的传统美德。

2. 塑造社区精神

河洛民居的紧凑布局和公共空间的设计，为邻里间的交流与互动提供了便利。民居通常以街巷或院落为单位紧密排列，在街巷、庭院等公共区域碰面、闲聊成为居民日常交往和互助合作的场所，从而培养了社区精神。而且，村落间共同的文化认同使得社区居民在精神上有所共鸣，进一步强化了社区凝聚力。另外，河洛民居中的公共空间，如广场、祠堂、街巷以其独特的建筑风格和布局，为社区居民营造了一种强烈的归属感，成为居民举办各种活动、交流信息的场所。这些活动不仅丰富了社区生活，也增进了居民之间的了解和友谊。

综上所述，河洛民居在社区精神塑造方面发挥了重要作用，共同促进了社区的和谐与稳定，为居民创造了一个温馨、有序的生活环境。

6.3.4 文化自信与民族认同的增强

河洛民居文化作为我国传统文化的重要组成部分，其传承和发展有助于增强我们的文化自信和民族认同。通过深入了解和学习河洛民居文化，我们可以更好地认识和理解自己的文化传统，从而形成更加坚定的文化自信，这种文化自信不仅是我们民族精神的体现，也是我们走向世界、展示中华文化魅力的重要支撑。

1. 文化自信的提升

河洛民居作为河洛文化的重要载体，其建筑风格、装饰艺术以及与之相关的传统习俗，都体现了深厚的河洛文化底蕴。这些民居不仅是物质文化遗产，更承载着丰富的历史信息和文化内涵，是文化传承的重要载体。通过对河洛民居的保护和传承，能够让人们更加直观地了解和感受到河洛文化的独特魅力和深厚底蕴，从而提升对本土文化的自信心和认同感。

河洛民居所蕴含的历史信息和文化价值，也是增强文化自信的重要资源。这些民居见证了河洛地区的历史变迁和文化发展，是连接过去与现在的文化纽带。通过保护和展示这些民居，人们可以更好地理解历史，认识到现在文化的根源，进而增强对传统文化的尊重和自信。

2. 民族认同的增强

河洛民居是洛阳周边多个民族共同生活的历史见证，其间多民族长期共存、互相交流，形成了丰富多样的民族文化。民居作为各民族文化的物质载体，其建筑风格和装饰元素中，融入了多个民族的文化特色，成为民族团结和多元文化共融的象征。通过对河洛民居的欣赏和研究，人们可以更加深刻地感受到各民族之间的紧密联系和共同的文化传承，从而增强对中华民族的认同感和归属感。

河洛民居的建筑风格和装饰元素，也反映了各民族的审美追求和文化特色。通过研究这些独特的建筑符号和文化印记，人们可以更加深入地了解各民族的文化传统和艺术风格，进而增强对各自民族文化的认同感和自豪感。河洛民居作为中华民族共同的文化记忆，将不同地区和不同民族的人们紧密联系在一起，它所蕴含的文化价值和历史意义是各民族共享的精神财富。

综上所述，河洛民居文化传承对现代社会具有多方面的启示意义。我们应深入挖掘这一宝贵文化遗产的价值，将其融入现代社会的发展之中，为构建和谐社会、推动文化繁荣做出积极贡献。

7

结论与展望

7.1　河洛传统民居建筑与审美的重要意义

　　河洛地区作为中华文明的发源地，其传统民居建筑承载了丰富的历史文化信息。本书从聚落的视角研究民居建筑与其所处的社会、经济、文化、环境之间的相互作用和依存关系，揭示了河洛地区传统民居建筑的历史、形态、结构、装饰、文化等方面的内容。全书由绪论、传统民居的文化背景与建筑特色研究、聚落文化因子与民居建筑审美探讨、河洛传统民居空间设计组合研究、河洛传统民居的装饰艺术研究、河洛传统民居的保护与传承、结论与展望七个章节组成。

　　河洛地区的传统民居不仅是我国重要的物质和非物质文化遗产之一，而且在多个方面展现了河洛文化的深层影响，这些影响主要体现在建筑理念、艺术风格、空间结构以及装饰艺术与工艺上。例如，巩义的传统民宅，以种类多、品种全、名宅数量丰富、风貌整齐的优点，在我国的传统民宅中具有重要作用。河洛民居的和谐统一的建筑艺术风格，反映了等级伦理秩序和家训文化，这种风格不仅体现在建筑的整体布局上，也体现在具体的装饰细节上，例如，洛阳传统民居建筑在屋顶、梁架和门窗等方面装饰艺术上体现了其独特的地域特色和文化韵味。实用与美观并存的空间结构是河洛民居的另一大特色，这种空间结构既满足了居住的功能需求，又体现了河洛文化中的审美追求。例如，卫坡村古民居群庭院空间格局的文化内涵研究表明，这些民居反映了人们的观念和等级等政治涵义。精美绝伦的装饰艺术与工艺也是河洛民居的重要组成部分，它不仅赋予了传统民居独特的风味，还体现了河洛文化的深厚底蕴。

　　河洛民居建筑在现代化进程中面临着诸多挑战。全球化带来的新型材料、施工技术和建设理念对传统的合院式民居、窑洞式民居等构成了冲击，导致地区本土性文化的活力不强。因此，探索地域民居的未来发展趋势及设计手法，挖掘地域民居与地域文化的深层关系以及地域民居文化的传承态度和创新意识显得尤为重要。此外，传统民居的数字化保护、开发、利用问题研究体现了社会对河洛文化的重视，也为现代社会提供了丰富的文化资源和审美价值。

　　综上所述，本书在河洛民居建筑的审美方面研究成果深入，这些研究成果对于传承和发扬河洛地区的传统建筑文化具有重要意义。

在未来的环境设计实践中，我们应当积极借鉴河洛地区传统民居的设计理念和手法，通过融合现代设计元素和传统文化精髓，我们可以创造出既具有现代感又蕴含传统文化精髓的优秀作品。

7.2 存在问题与不足

7.2.1 现有条件不完善

首先，人力和财力等方面的限制。传统民居及地域文化没有得到良好的保护，日渐衰败。尽管有政府、文物保护部门和科研院所等机构的努力，但这些努力往往受到资源的制约，如资金、技术、人才等方面的限制，导致保护工作难以全面展开。例如，巩义保留了大量的文化遗存、传统民居，但这些传统民居的保存现状并不乐观。传统民居的保护和研究工作还不够充分，需要进一步加强。此外，由于政治经济社会等各个方面的原因，传统的合院式民居建筑都不同程度地遭到了破坏。这不仅体现在建筑文化上，也导致了本土性文化的消逝，这种冲击使得传统民居的保护与传承变得更加困难。

其次，实地调研的局限性。虽然本书对有关河洛民居的概念、特征、风格和装饰等方面的研究已经取得了一定的成果，但由于时间、条件和设备等限制，未能对河洛地区的所有传统民居建筑进行全面的实地调研。这种局限性可能导致对河洛民居文化特色的理解不够全面，从而影响到保护工作的针对性和有效性。例如，洛阳、巩义传统民居的研究虽然涵盖了建筑文化与地域文化的关系，但这种研究仍然基于有限的样本和地域。

再次，公众参与和社会支持的缺乏。目前，很多地方的传统民居由于缺乏有效的保护措施而遭到破坏或重建，失去了原有的文化特色。这表明需要通过提高公众对河洛文化重要性的认识，增强社会各界对传统民居保护的支持力度，来共同推动河洛民居的保护和传承工作。然而，现有的研究和资料整理中对于如何有效提升公众参与和社会支持的具体策略探讨不足。

最后，现代化建筑的影响。现代化建筑对传统民居的冲击和破坏是一个不容忽视的问题。随着城市化进程的加快，许多具有历史价值的传统民居面临着被拆除或改造的风险。这不仅影响了民居的历史、文化、艺术价值的传承和发展，也对河洛文化的保护构成了挑战。

由此，河洛民居建筑审美研究需要综合运用社会学、历史学、考古学、建筑学、人类学、艺术学等多个学科的知识和技术，但现阶段跨学科间的合作和交流不够频繁，这限制了研究的深度和广度，因此在河洛民居现有的资料和研究中，仍然存在较多不完善之处。

7.2.2　部分建筑的消亡

河洛民居部分建筑消亡的原因可以从多个角度进行分析。首先，从历史和文化的角度来看，河洛地区作为中原文化的发祥地之一，拥有丰富的传统民居建筑文化。这些民居不仅在建筑风格、材料使用上具有独特性，而且承载着深厚的文化内涵和社会价值。然而，随着现代化进程的加速，许多传统民居面临着被拆除、改造或自然坍毁的风险。

从社会经济发展的角度来看，快速的城市化进程导致了大量农村人口向城市迁移，农村地区的空心化现象日益严重。这种人口流失不仅影响了传统村落的活力，也使得维护和修复传统民居的成本增加，进一步加剧了传统民居的消亡。

从地域特色与现代设计的融合来看，在传统民居的保养、修缮与改造过程中，一方面需要保留和弘扬传统民居的文化内涵和审美价值，另一方面，又要满足现代人的居住需求和审美趣味，包括空间功能的优化、能源效率的提升以及环境适应性等。实际需求的变化，也在进一步扩大传统民居消亡的趋势。

此外，现代建筑技术和材料的应用，极大地提升了建筑设计的功能性和智能性，同时也减少了资源消耗和对环境的影响，推动了建筑行业朝着更可持续和智能化的方向发展。然而，在现代化进程中，传统建筑美学往往被忽视或误解，为了追求现代化的居住环境，许多传统民居被拆除并重建为现代风格的住宅，导致了传统建筑文化的失活。虽然有些设计团队试图通过创新手段将传统材料融入现代建筑中，但这种尝试并不总是成功。现代化的设计理念和施工技术逐渐正在取代传统的建筑方式，也是导致河洛民居部分建筑消亡的重要原因。

总之，河洛民居部分建筑消亡是一个复杂的社会现象，涉及历史文化、社会经济发展、建筑设计等多个方面。要有效保护和传承这些珍贵的文化遗产，需要政府、社会和个人共同努力，采取综合性的保护措施。

7.2.3　保护力度的不足

以洛阳市为例，河洛民居保护力度不足主要体现在以下几个方面。

政策与规划：尽管洛阳在加强历史文化街区、名镇名村建设以及传统村落的保护利用方面，出台了多项政策和通知，以全面加强这些历史文化遗产的系统性保护利用。例如，《洛阳市东西南隅历史文化街区保护管理暂行办法》，但在实际操作中，政策执行力度不够、规划引领不够明确、资金分配不均等原因，可能导致对河洛民居的保护工作未能全面展开或深入推进。

1. 普查与认定力度不够

洛阳市要求各县区持续开展历史文化街区、历史建筑、传统村落的普查认定工作，也取得了一定的进展。例如，洛阳市已经公布了首批 81 处历史建筑名录，并基本完成了所有区域内历史文化街区的划定、历史建筑的确定工作。但工作量大、人力物力资源有限，可能导致普查认定工作不够全面、细致，部分有价值的河洛民居未能及时纳入保护名录，特别是对于一些偏远地区和乡村的历史建筑，普查认定工作的力度需要进一步加大。

2. 保护资金缺乏

传统民居的保护需要大量的资金投入，包括修缮、维护、管理等费用。洛阳传统民居的保护存在资金短缺的问题，导致部分历史建筑日常管护缺少必要的人力、财力支持。此外，保护和修缮传统民居的费用较高，后期维护也需要大量资金。由于资金缺乏，农村、偏远地区的传统建筑保护不足，维护周期长，需要注入大量资金，许多河洛民居无法得到及时有效的保护，甚至面临损毁、消失的危险。

3. 保护意识不强

农村传统民居大部分为个人所有，少部分为村集体所有，部分民众对河洛民居的历史和文化价值认识不足，缺乏保护意识，甚至为了追求短期利益而破坏这些古建筑。而且，对古建筑保护积极性较低，导致了日常维护和管理不足，无法及时发现和解决存在的问题。

4. 修缮人员紧缺

修缮人员紧缺的问题在传统民居的维修和改造中尤为突出。由于古建筑的修复主要依赖传统工艺，对修复人员的素质和水平要求较高，然而，目前修缮人员严重不足，且传统"师父带徒弟"模式已经难以满足保护修缮的需求，古民居的维修和改造需要大量高素质的技术人员。据《工人日报》报道，目前全国文物保护修复人员缺口约为 2.6 万人，92% 的文博单位认为文物修复人员配备不足，人才断层严重。

7.3 民居审美文化研究的愿景

为了解决河洛民居建筑与审美研究存在的问题，政府、社会各界、学术界需要共同努力，通过制定合理的政策、加强跨学科合作、提高公众意识等措施，共同推动河洛民居建筑与审美的保护与发展。

7.3.1 制定合理的政策

政府在文化遗产保护中起到了至关重要的作用。通过出台专项保护政策，可以为河洛民居的保护提供法律保障和政策支持。

《河洛文化生态保护区总体规划（2021—2035）》这份规划为河洛文化生态保护区的未来发展提供了全面的指导。按照开发总思路、发展总体目标、主体空间布局以及主要保护措施进行分点表示和归纳，体现了当地政府对河洛民居文化的背后丰富文化价值的重视和尊重。这种重视和尊重不仅体现在对文化遗产本身的保护上，更体现在对中华文化基因的传承和对国家文化安全的维护。

具体来看，政府支持、治理与引导等功能体现在以下四个方面：

1. 立法保护

政府通过制定相关法律法规，如《中华人民共和国文物保护法》等，为文化遗产保护提供法律依据。这些法律明确了文化遗产的保护范围、保护措施和法律责任，确保了文化遗产保护工作有法可依、有章可循。

2. 政策支持

政府出台一系列政策，如财政补贴、税收优惠等，鼓励社会各界参与文化遗产保护工作。这些政策降低了保护工作的成本，提高了社会参与度，为文化遗产保护提供了有力支持。

3. 规划引导

政府制定文化遗产保护规划，如《河洛文化生态保护区总体规划（2021—2035）》等，明确保护目标、任务和措施。这些规划为文遗产保护工作提供了明确的方向和指导，确保了保护工作有序进行。

4. 监督管理

政府加强对文化遗产保护工作的监督管理，确保各项保护措施得到有效执行。同时，政府加强对文化遗产保护工作的宣传和教育是一项非常重要的举措，有助于提高公众对文化遗产保护的认识和参与度，促进全社会共同保护文化遗产的良好氛围的形成。

7.3.2 加强跨学科合作

1. 跨学科合作在文化遗产保护中的重要性

文化遗产保护涉及多个学科领域，包括考古学、建筑学、城乡规划学、风景园林学等。通过跨学科合作，可以综合各个学科的专业知识和视角，对文化遗产进行更全面的理解和研究。例如，考古学提供了对古代文明和遗迹的深入研究，建筑学则关注建筑的结构、材料和风格，而城乡规划学和风景园林学则侧重于遗产地及其周边环境的整体规划和景观设计。通过跨学科合作，可以综合各个学科的专业知识和视角，对文化遗产进行更全面的理解和研究。

而且，跨学科的合作可以促进不同学科之间的交流和融合，从而产生更多元化的保护策略。这种多元化的保护策略能够更好地适应不同类型的文化遗产，提高其保护的针对性和有效性。

2. 文化科技融合在遗产保护中的运用

数字技术的应用：如前文所述，数字技术在河洛民居保护中发挥着重要作用。通过数字化采集、三维制作、高清呈现和快速传输等技术手段，可以实现河洛民居的三维可视化、智能化展示，提高公众对文化遗产的认知和参与度。同时，VR 和 AR 技术可以为公众提供沉浸式的文化遗产体验，使其能够更直观地感受和理解文化遗产的价值和魅力。此外，装备制造水平的提升是实现文化遗产的数字化需要相应的技术设备作保障。

7.3.3 提高公众的意识

提高公众对河洛民居建筑与审美的认识和重视程度是保护工作的重要环节。

第一，可以通过教育培训在学校教育中引入河洛民居的相关课程，让学生从小就能接触到这一文化遗产，了解其历史、文化和艺术价值。举办专题讲座、研讨会和培训班，邀请专家学者向公众普及河洛民居的知识，提高公众的审美水平和保护意识。

第二，利用电视、广播、报纸等传统媒体，以及互联网、社交媒体等新媒体，广泛宣传河洛民居的价值和重要性，引导公众关注并参与到文化遗产保护中来。同时，制作和播放关于河洛民居的纪录片、宣传片、短视频等，以直观、生动的方式展现河洛民居的魅力和特点。

第三，加强文化遗产保护政策法规的宣传和普及，让公众了解自己在文化遗产保护中的权利和义务，增强依法参与社会治理的意识和能力。举办政策法规宣讲会、咨询会等活动，为公众提供咨询和解答服务，帮助他们更好地理解和遵守相关法规。

例如，洛阳市在推进非遗保护工作中采取了多样化的保护措施，逐步构建起河洛民居等非遗保护传承的新格局。一是抢救性保护，针对濒危的非遗项目，采取紧急抢救措施，包括征集、记录、整理相关文献、资料，以及扶持传承人开展传承活动等，以确保这些珍贵的文化遗产得以保存下来；二是整体性保护，注重非遗项目及其生存环境的整体保护，通过规划、建设非物质文化遗产生态保护区等方式，为非遗项目的传承和发展提供良好的环境和条件；三是数字化保护，利用现代科技手段对非遗项目进行数字化记录和保存，包括建立数据库、制作数字影像资料等，以便更好地保存、传播和利用这些文化遗产。

7.3.4　数字化技术助力

数字化技术助力河洛民居文化传承的首要优势在于其强大的信息保存与复原能力。通过高精度的数字扫描与建模，河洛民居的每一处细节都能被完整记录，实现文化的"解构再创造"数字化高清重现。这种技术不仅能够抵御时间侵蚀，更能在空间上突破限制，让传统民居的韵味在世界各地得以展现。此外，数字化技术还具备强大的交互性，通过 VR、AR 等手段，观众可以身临其境地体验传统民居文化，从而加深对其的理解与认同。

然而，数字化技术在传承传统民居文化时也存在劣势。一方面，高昂的技术成本成为一大障碍。高精度的数字扫描与建模设备、专业的数据处理软件以及后期的维护更新，都需要大量的资金投入。这在一定程度上限制了数字化技术的普及与推广。另一方面，技术操作的复杂性也对使用者提出了较高要求。河洛民居文化的传承者往往缺乏专业的技术背景，难以充分利用数字化工具进行文化的有效传播。

　　尽管存在劣势，但数字化技术助力河洛民居文化传承依然面临着诸多机会。随着科技的进步，数字化技术的成本正在逐渐降低，更多的文化机构和个人有望接触并利用这些技术。同时，政府对于文化遗产保护的重视程度也在不断提升，未来有望出台更多的政策与资金扶持，推动数字化技术在传统民居文化传承中的应用。此外，随着全球化的深入发展，河洛民居文化的国际交流日益频繁，数字化技术为其提供了更加便捷高效的展示与传播平台。

　　在把握机会的同时，我们也应看到数字化技术助力河洛民居文化传承所面临的挑战。首先是技术更新迭代的快速性。数字化技术日新月异，如何确保所选择的技术能够持续稳定地支持文化传承工作，是一大考验。其次，河洛民居文化在数字化过程中可能遭遇的"文化失真"问题也不容忽视。如何在保留文化本质的基础上进行合理的数字化改造与创新，需要深入的思考与实践。最后，数字化技术的广泛应用也带来了数据安全与隐私保护的问题。如何确保传统民居文化的数字化数据不被滥用或泄漏，是传承工作中必须严肃对待的课题。

　　综上所述，数字化技术为河洛民居文化的传承提供了新的视角和方法，不仅使传统文化得到更有效的保护和传播，还为其创新发展提供了无限可能。我们应充分发挥其优势，积极应对劣势与挑战，不断探索与实践，以期在新的时代背景下实现传统民居文化的有效传承与可持续发展。

参考文献

图书

［ 1 ］郭学明. 世界建筑艺术简史［M］. 北京：机械工业出版社，2020.

［ 2 ］孙亚峰. 中国传统民居门饰艺术［M］. 沈阳：辽宁美术出版社，2015.

［ 3 ］边继琛. 栖居的文明：中国传统民居建筑研究［M］. 南昌：江西美术出版社，2021.

［ 4 ］卢雪松. 文化与生态：鄂东传统民居环境研究［M］. 武汉：武汉理工大学出版社，2017.

［ 5 ］鲁苗. 环境美学视域下的乡村景观评价研究［M］. 上海：上海社会科学院出版社，2019.

［ 6 ］许烺光. 宗族·种姓·俱乐部［M］. 薛刚，译. 北京：华夏出版社，1990.

［ 7 ］周学鹰，李思洋. 中国古代建筑史纲要（上）［M］. 南京：南京大学出版社，2020.

［ 8 ］赵逵，李纯，丁援. 中国建筑简明读本［M］. 北京：新华出版社，2016.

［ 9 ］艾学明. 公共建筑设计［M］. 2 版. 南京：东南大学出版社，2015.

［10］瓦里斯·博卡德斯，玛利亚·布洛克，罗纳德·维纳斯坦，等. 生态建筑学：可持续性建筑的知识体系［M］. 南京：东南大学出版社，2017.

［11］西安建筑科技大学绿色建筑研究中心. 绿色建筑［M］. 北京：中国计划出版社，1999.

［12］杨文笔. 中国传统文化导论［M］. 银川：宁夏人民出版社，2020.

［13］刘磊. 中原传统村落开发中的参数化空间肌理解析与重构技术［M］. 南京：东南大学出版社，2019.

［14］韩雷. 双重视域下中国传统民居空间认同研究：以浙江温州楠溪江古村落为例［M］. 杭州：浙江大学出版社，2018.

［15］王天航. 建筑与环境：隋唐长安城木构建筑耗材复原研究［M］. 西安：陕西人民出版社，2020.

［16］银兴贵. 审美文化生态适应性研究：以黔西北民居为例［M］. 北京：光明日报出版社，2022.

［17］曾向东. 中国文化与管理·文化研究［M］. 南京：南京大学出版社，2021.

［18］罗梅. 村落与个体：三江傈僳族民歌传承调查研究［M］. 北京：新华出版社，2021.

［19］施玮，吴赢. 特色文化＋乡村振兴：模式、方法与个案［M］. 厦门：厦门大学出版社，2021.

［20］李林. 文化资源学：理论与案例［M］. 武汉：华中科技大学出版社，2021.

［21］赖萱萱. 祖先崇拜伦理思想研究［M］. 厦门：厦门大学出版社，2021.

［22］罗康隆. 生境民族学研究（第一辑）［M］. 南京：东南大学出版社，2020.

［23］杨树喆. 民俗学与多民族文化探幽［M］. 桂林：广西师范大学出版社，2020.

［24］赵坤. 中华优秀传统文化当代价值［M］. 桂林：广西师范大学出版社，2019.

［25］熊星，唐晓岚. 乡村景观源汇博弈［M］. 南京：东南大学出版社，2019.

［26］杨东昱. 豫西古村落［M］. 郑州：中州古籍出版社，2019.

［27］郑州市地方史志办公室. 河洛镇志［M］. 北京：中国水利水电出版社，2019.

［28］ 何刚. 院落组成的传统村落：空间与行为［M］. 南京：东南大学出版社，2018.

［29］ 熊承霞. 诚敬孝悌之空间营造［M］. 武汉：武汉理工大学出版社，2017.

［30］ 布正伟. 建筑美学思维与创作智谋［M］. 天津：天津大学出版社，2017.

［31］ 赖德霖，伍江，徐苏斌. 中国近代建筑史［M］. 北京：中国建筑工业出版社，2016.

［32］ 刘灿姣. 中国传统村落实证研究：勾蓝瑶寨［M］. 长沙：中南大学出版社，2019.

［33］ 北京联合大学应用文理学院历史文博系，北京联合大学文化遗产研究所. 传统村落与建筑遗产的保护与活化［M］. 北京：学苑出版社，2018.

［34］ 刘敦桢. 中国住宅概说：传统民居［M］. 武汉：华中科技大学出版社，2018.

［35］ 王思明，吴昊，霍晓丽. 中国传统村落记忆［M］. 北京：中国农业科学技术出版社，2018.

［36］ 易劳逸. 家族、土地与祖先：近世中国四百年社会经济的常与变［M］. 苑杰，译. 重庆：重庆出版社，2018.

［37］ 吕思勉. 中国宗族制度小史［M］. 北京：知识产权出版社，2018.

［38］ 宗白华. 美学散步［M］. 上海：上海人民出版社，1981.

［39］ 张伟然，等. 历史与现代的对接：中国历史地理学最新研究进展［M］. 北京：商务印书馆，2016.

［40］ 李世武. 中国工匠建房民俗考论［M］. 北京：中国社会科学出版社，2016.

［41］ 杨贵庆，等. 乌岩古村：黄岩历史文化村落再生［M］. 上海：同济大学出版社，2016.

［42］ 李泽厚. 华夏美学［M］. 天津：天津社会科学院出版社，2001.

［43］ 吕洁，戴溥之. 农村社会变迁中的文化演进与冲突［M］. 石家庄：河北人民出版社，2015.

［44］ 汪欣. 传统村落与非物质文化遗产保护研究：以徽州传统村落为个案［M］. 北京：知识产权出版社，2014.

［45］ 潘林. 信阳传统民居［M］. 郑州：中州古籍出版社，2014.

［46］ 王冬，刘肇宁，单德启. 中国传统民居图说·云南篇［M］. 昆明：云南教育出版社，2014.

［47］ 衣晓龙，阴卫. 俞源村古建筑群营造技艺［M］. 杭州：浙江摄影出版社，2014.

［48］ 孙发成. 诸葛村古村落营造技艺［M］. 杭州：浙江摄影出版社，2014.

［49］ 鲁西奇. 中国历史的空间结构［M］. 桂林：广西师范大学出版社，2014.

［50］ 刘华. 百姓的祠堂［M］. 北京：商务印书馆，2013.

［51］ 黄源成. 历史赋能下的空间进化：多元文化交汇与村落形态演变［M］. 厦门：厦门大学出版社，2020.

［52］ 宋怡明. 被统治的艺术［M］. 钟逸明，译. 北京：中国华侨出版社，2019.

［53］ 唐孝祥. 建筑美学十五讲［M］. 北京：中国建筑工业出版社，2017.

［54］ 唐芃. λ解码：历史地段保护与更新中的数字技术［M］. 南京：东南大学出版社，2021.

［55］ 张毅. 徽州古村落公共空间的形态保护与承传策略研究［M］. 南昌：江西美术出版社，2020.

［56］ 刘丽雅. 居住区景观设计［M］. 重庆：重庆大学出版社，2017.

［57］ 熊国平. 村俗文化生态保护区规划［M］. 南京：东南大学出版社，2017.

［58］ 李文杰. 胶东传统村落与民居空间的再生叙事研究［M］. 北京：新华出版社，2020.

［59］ 何培斌. 房屋建筑学［M］. 重庆：重庆大学出版社，2016.

［60］ 朱光潜. 朱光潜全集［M］. 合肥：安徽教育出版社，1987.

［61］拉德克利夫－布朗. 社会人类学方法［M］. 夏建中，译. 北京：华夏出版社，2001.

［62］夏建中. 文化人类学理论学派［M］. 北京：中国人民大学出版社，1997.

期刊论文

［1］余亮，唐铭婕，付蒙，等. 中国再增2666个传统村落空间分布数据集［J］. 全球变化数据学报
（中英文），2022，6（1）：19-24+178-183.

［2］刘卫红，田润佳. 大遗址保护理论方法与研究框架体系构建思考［J］. 西北大学学报（哲学社会
科学版），2021，51（1）：54-62.

［3］潘玥. 朝向重建有反省性的建筑学：风土现代的3种实践方向［J］. 建筑学报，2021（1）：
105-111.

［4］范跃虹，赖奕堆，李紫妍. 现代建筑过渡空间特征研究：以岭南建筑为例［J］. 南方建筑，2021
（2）：132-139.

［5］杜冰. 浅谈中国传统建筑材料在现代建筑设计中的传承与创新［J］. 中国建筑金属结构，2021
（6）：124-125.

［6］王炎松，王必成，刘雪. 传统村落保护与活化模式选择：以江西省金溪县四个传统村落为例［J］.
长白学刊，2020（2）：144-150.

［7］卜春梅，朱周斌. 孔子仁学思想的现代教育价值论［J］. 人民论坛，2012（35）：220-221.

［8］李凌，杨豪中，谢更放. 非物质文化保护视角下小城镇民俗文化空间载体设计：以陕西五泉镇关
中院子民俗文化商业街区为例［J］. 规划师，2014，30（10）：47-52.

［9］刘沛林，刘春腊，邓运员，等. 中国传统聚落景观区划及景观基因识别要素研究［J］. 地理学
报，2010，65（12）：1496-1506.

［10］朱良文. 对传统村落研究中一些问题的思考［J］. 南方建筑，2017（1）：4-9.

［11］孙方婷，许志坚，杨远丰. 基于BIM技术的岭南传统民居数字化建设［J］. 南方建筑，2021
（2）：111-114.

［12］韩璐. 基于乡村旅游经济发展的乡村古民居更新设计保护策略［J］. 建筑结构，2022，52
（18）：170.

［13］段平艳，杨灵敏. 乡村振兴视野下传统民居建筑文化遗产保护［J］. 建筑结构，2022，52（7）：
148.

［14］张帆，邱冰，潘越，等. 大运河沿岸普通传统民居保护的重要性分析：以无锡清名桥历史街区为
例［J］. 现代城市研究，2021（7）：12-19.

［15］张众. 以乡村本色民居增强乡村旅游吸引力的思考［J］. 农业经济，2016（2）：106-108.

［16］范国蓉. 传统民居的现状和保护对策探讨［J］. 四川文物，2015（2）：87-90+96.

［17］夏登江，黄东升. 城镇化背景下土家族民居建筑文化的保护与传承［J］. 人民论坛，2015
（33）：100-101.

［18］潘冬梅，孟祥彬，徐景贤. 传统民居文化在新农村建设中的保护与应用［J］. 北方园艺，2011
（13）：204-207.

［19］王颂，冯波. 河南民居地域文化特色的保护与延续：以刘青霞故居为例［J］. 安徽农业科学，
2010，38（33）：19018-19019+19022.

［20］徐丽. "九十九间半"民居建筑群保护与文化传承［J］. 档案与建设，2016（5）：63-68.

［21］陈华. 关中传统民居石雕艺术的审美阐释［J］. 西北大学学报（哲学社会科学版），2013，43（1）：164-166.

［22］郑杰. 浅析客家传统民居建筑的审美表现［J］. 西南大学学报（社会科学版），2007（4）：193-195.

［23］甄慧霞，甄伟肖. 地域文化在农村民居室内艺术设计中的应用：评《农业环境审美价值研究》［J］. 热带作物学报，2020，41（9）：1972.

［24］周传发. 论鄂西土家族传统民居艺术的审美特色［J］. 重庆建筑大学学报，2008（1）：13-16.

［25］臧丽娜. 论徽州民居装饰的审美特征［J］. 装饰，2005（6）：106.

［26］吴姗姗，田婧媛，顾平. "留住乡愁"视域下民居古建文化与美学的融合［J］. 建筑结构，2022，52（15）：160-161.

［27］孟聪龄，马军鹏. 从"天人合一"谈山西传统民居的美学思想［J］. 建筑学报，2004（2）：78-79.

［28］高峰. 徽州民居门罩雕饰美学价值［J］. 文艺争鸣，2010（22）：117-119.

［29］向云根. 求吉纳福的风俗生命美学的符号：谈土家民居建筑中的梁文化［J］. 装饰，2009（9）：112-113.

［30］李星丽. 浅析道教美学思想对四川民居建筑的影响［J］. 中华文化论坛，2016（9）：170-173.

［31］汤太祥，王锦坤. 徽州古民居：《周易》美学思想的体现［J］. 周易研究，2010（5）：86-90.

［32］李滢，王俊芹. 农村新民居文化的传承性与现代性释义［J］. 人民论坛，2012（14）：146-147.

［33］郭秋月，孟庆凯. 民族审美文化制约下朝鲜族民居的审美解读［J］. 文艺争鸣，2018（4）：204-208.

［34］吕瑞荣. 广西民居堂文化探析［J］. 广西民族大学学报（哲学社会科学版），2011，33（3）：95-102.

［35］程相占. 审美文化视野中的徽州古民居［J］. 江海学刊，2006（1）：54-57.

［36］刘玉立. 中国民居建筑与传统文化关系探微［J］. 学术交流，1999（2）：210-211.

［37］朱珊珊，刘弘涛，邹文江. 藏族民居建筑遗产的风貌演变及保护传承研究：以世界遗产地九寨沟传统村寨为例［J］. 建筑学报，2022（S1）：213-218.

［38］高菡. 陕北传统民居建筑保护管理研究［J］. 建筑科学，2022，38（11）：176.

［39］段平艳，杨灵敏. 乡村振兴视野下传统民居建筑文化遗产保护［J］. 建筑结构，2022，52（7）：148.

［40］严明喜，何莲，刘曛. 乡村振兴与传统民居风貌保护［J］. 山西财经大学学报，2021，43（S2）：38-40+52.

［41］汤移平. 基于遗产价值认知的传统村落保护规划研究：以钓源村为例［J］. 农业考古，2021（3）：263-271.

［42］邱波. 传统民居化保护与开发研究的新视角：评《国匠承启卷：传统民居保护性利用设计》［J］. 建筑结构，2020，50（20）：140.

［43］倪皓. 传统民居建筑保护刍议［J］. 新型建筑材料，2020，47（8）：177-178.

［44］谷红文，张凤亮，杨煜，等. 西北地区黄土窑洞的生存现状和保护策略［J］. 工业建筑，2019，

49（1）：1-5+20.

［45］高洪波，王雨枫，王颂，等. 豫南地区传统村落风貌特色保护与更新研究：以信阳西河村为例［J］. 信阳师范学院学报（自然科学版），2018，31（4）：687-692.

［46］陈小辉，张鹰. 传统聚落综合功能提升关键技术集成与示范［J］. 建筑学报，2016（12）：115-116.

［47］陆步云，李芳，周光志. 黔东南传统木结构民居保护与建设项目的研究与实践［J］. 林产工业，2016，43（11）：10-13.

［48］黄东升，邹凤波. 武陵地区传统民居开发性保护思考：以重庆市秀山县清溪镇大寨村传统民居保护规划设计为例［J］. 艺术评论，2016（10）：128-130.

［49］薛野，张晓梅. 尺度与比例：中国传统民居中的书画装饰与陈设问题研究［J］. 美术大观，2020（8）：126-129.

［50］高力强，陈力欣. 传统民居的"微"景观构图设计探析：以承志堂鱼塘厅为例［J］. 美术大观，2019（3）：104-105.

［51］田晓. 基于地域文化特色的城市综合体外部空间景观设计探究：评《图解传统民居建筑及装饰》［J］. 中国教育学刊，2018（12）：144.

［52］张宸铭，高建华，李国梁. 基于空间句法的河南省传统民居分析及其地域文化解读［J］. 经济地理，2016，36（7）：190-195.

［53］李涛，杨琦，伍雯璨. 关中"窄院民居"庭院空间的自然通风定量分析［J］. 西安建筑科技大学学报（自然科学版），2014，46（5）：721-725.

［54］尹波. 中国传统民居设计探析［J］. 大舞台，2013（1）：122-123.

［55］唐丽. 荥阳秦氏旧宅院落空间及构造探讨：兼谈河南豫中传统民居技术特征［J］. 建筑科学，2012，28（4）：12-16.

［56］张慧，赵晓峰. 中国传统民居庭院空间的生态文化内涵［J］. 河北学刊，2008（3）：245-247.

［57］曹思敏，何新闻. 传统材料在乡村民居建造中的应用价值与可持续性研究：以沙溪古镇民居为例［J］. 家具与室内装饰，2022，29（7）：126-129.

［58］闫海燕，王亚敏，刘辉，等. 豫北山地传统民居的地域气候适应特征及价值分析［J］. 北方园艺，2017（18）：114-120.

［59］张献萍，杨卫红，白宪臣. 传统乡土建筑的生态资源价值与可持续性分析：以河南巩义杨树沟民居为例［J］. 河南大学学报（自然科学版），2011，41（4）：437-440.

［60］杨黎. 试论我国本土民居与环境观的传统价值回归［J］. 安徽农业科学，2008（28）：12539-12540.

［61］赵天改. 河洛地区古民居文化特色探析［J］. 中国民族博览，2018（9）：193-196.

［62］王超. 河洛文化在洛阳滨水景观中应用调研分析：以洛河、涧河为例［J］. 建材与装饰，2018（4）：62.

［63］陈明. 波斯"摩尼画死狗"故事的文图源流探析［J］. 世界宗教研究，2017（4）：35-62.

［64］陈景娜. 以河洛文化开放包容精神助推"一带一路"建设［J］. 党史文苑，2017（12）：67-69.

［65］施颖倩，刘梦琪，周代芳. 文旅融合视域下洛阳文旅IP形象的塑造与推广［J］. 科技资讯，2021，19（24）：185-186+190.

［66］杨建伟. 河洛文化的传播路径探析［J］. 新闻爱好者, 2022（3）: 67-69.

［67］盛臻. 从宗白华《中国园林建筑艺术所表现的美学思想》谈空间里窗的艺术［J］. 中国包装工业, 2015（Z1）: 149+151.

［68］洪毅然. 美是不是意识形态? 评朱光潜"论美是客观与主观的统一"及其他［J］. 学术月刊, 1958（1）: 39-50.

学位论文

［1］王一婧. 数字技术引导下的景园空间构成研究［D］. 南京: 东南大学, 2021.

［2］王艺彭. 结构语言学视角下的江南乡土景观语言解读与现代适应［D］. 杭州: 浙江大学, 2022.

［3］赵伟伟. 汾河谷地传统村落空间模式与动力机制研究［D］. 西安: 西安建筑科技大学, 2022.

［4］王国伟. 基于特征量化分析的传统村落外部空间平面元素模式研究: 以徽州传统村落为例［D］. 天津: 天津大学, 2021.

［5］刘智英. 活态视角下非遗类乡土景观的理论解析与活态化: 以山东莱州乡村为例［D］. 天津: 天津大学, 2020.

［6］林立揩. 西南彝族传统聚落景观营建的生态智慧研究［D］. 重庆: 重庆大学, 2021.

［7］向远林. 陕西传统乡村聚落景观基因变异机制及其修复研究［D］. 西安: 西北大学, 2020.

［8］薛伟. 河洛民歌腔词关系研究［D］. 长春: 东北师范大学, 2018.

［9］赵烨. 基于自然和文化整体性的名山风景特质识别研究［D］. 武汉: 华中农业大学, 2019.

［10］李畅. 乡土聚落景观的场所性诠释: 以巴渝沿江场镇为例［D］. 重庆: 重庆大学, 2015.

［11］阎宏斌. 洛阳近现代城市规划历史研究［D］. 武汉: 武汉理工大学, 2012.

［12］郭鑫. 城市生态建设规划中的优化模型及可视化技术研究［D］. 北京: 北京林业大学, 2021.

［13］余日季. 基于AR技术的非物质文化遗产数字化开发研究［D］. 武汉: 武汉大学, 2014.

［14］朱宇强. 汉唐时期洛阳的生态与社会［D］. 天津: 南开大学, 2012.

［15］许玥. 漳州地区传统红砖民居建筑热环境研究［D］. 长沙: 中南大学, 2023.

［16］葛毅鹏. 豫西传统村落空间形态研究［D］. 广州: 华南理工大学, 2021.

［17］刘磊. 中原地区传统村落历史演变研究［D］. 南京: 南京林业大学, 2016.

［18］胡勤. 中国传统建筑的伦理意蕴［D］. 长沙: 湖南师范大学, 2010.

［19］郑东军. 中原文化与河南地域建筑研究［D］. 天津: 天津大学, 2008.

［20］曹林. 中国装饰艺术传统及其当代文化价值［D］. 北京: 中国艺术研究院, 2005.

［21］周璟璟. 传统聚落文化感知及其文化空间规划应用研究［D］. 杭州: 浙江大学, 2022.

［22］向远林. 陕西传统乡村聚落景观基因变异机制及其修复研究［D］. 西安: 西北大学, 2020.

［23］李沙. 论艺术类文化遗产在古村落保护中的地位和作用: 以板梁古村为例［D］. 杭州: 中国美术学院, 2020.

［24］郑慧铭. 闽南传统民居建筑装饰及文化表达［D］. 北京: 中央美术学院, 2016.

［25］刘馨蕖. 江南传统村落空间艺术价值谱系建构研究［D］. 苏州: 苏州大学, 2021.

［26］凌霞. 宗教世俗化背景下的川西藏式民居建筑装饰艺术研究［D］. 长沙: 湖南大学, 2020.

［27］孙贝. 中国传统聚落水环境的生态营造研究［D］. 北京: 中央美术学院, 2016.

［28］李蕾. 建筑与城市的本土观: 现代本土建筑理论与设计实践研究［D］. 上海: 同济大学, 2006.

［29］吴永发. 地区性建筑创作的技术思想与实践［D］. 上海：同济大学，2006.

［30］邱佳铭. 宋代山水画点景建筑与造境关系的研究［D］. 北京：中国艺术研究院，2020.

［31］王晓丰. 河南巩义传统民居建筑文化研究［D］. 郑州：郑州大学，2017.

［32］陈华. 关中传统民居石雕拴马桩审美研究［D］. 西安：西北大学，2014.

［33］银兴贵. 生境、生命与民居：黔西北民居审美文化生态适应性研究［D］. 贵阳：贵州大学，2018.

［34］叶凯. 宗白华散步美学研究［D］. 杭州：浙江工业大学，2019.

［35］李建斌. 传统民居生态经验及应用研究［D］. 天津：天津大学，2008.

［36］康蕾. 洛阳市洛浦公园滨水景观设计中的历史文化应用研究［D］. 西安：西安建筑科技大学，2014.

［37］刘杰. 地域文化在城市滨水景观中的表达研究［D］. 重庆：西南大学，2014.

后 记

在完成河洛地区传统民居审美文化的研究著作后，本人想表达我的感慨与感谢。本书的撰写始于2020年，然而在创作过程中，曾面临诸多挑战和困难，以至于在两年多的时间里，本人不得不暂时搁置了这项工作。在这段时间，本人曾考虑过放弃，因为中断的时间跨度让我对完成这本书感到迷茫和气馁。然而，正是在亲人、老师和朋友们的不断鼓励和支持下，本人重新找回了完成这本书的决心和动力。他们的理解和信任，为我提供了必要的精神支持，让我得以克服内心的犹豫和外界的干扰。

在重新投入到这本书的撰写中时，四年多时间的学习、思考与实践，让我更加深刻地认识到了河洛地区传统民居的独特价值和它们在中国传统审美文化中的重要地位，无论对系统学习建筑学、艺术学、管理学等知识，还是面对今后的研学道路的把握，都弥足珍贵。完成这本书的过程，对我来说是一次深刻的学习和成长之旅。本人希望通过这本书，能够为读者提供一个深入了解河洛地区传统民居审美文化的窗口，同时也为保护和传承这一文化遗产作出贡献。

在本书的撰写过程中，本人得到了许多人的帮助和支持，特别是本人在河南科技大学艺术与设计学院的研究生团队中的张肖艳、李虹宇、卜慧洁、李汶澳、邱暖和刘瑞琪六位同学，她们在资料收集和整理方面都作出了贡献。

特别指出的是，本书受知识修养和理论水平所限，错误与疏漏之处在所难免，恳请学术前辈、专家以及同行学者们，不吝赐教！